I0471276

EL ENIGMA DE LOS CÍRCULOS

EL ENIGMA DE LOS CÍRCULOS

Ediciones Corona Borealis | MISTERIOS DEL MUNDO

El enigma de los círculos

Pasaje Esperanto, 1
29007 - Málaga
Tel. 951 100 852
www.coronaborealis.es
www.edicionescoronaborealis.blogspot.com

Diseño de interior y cubiertas: DONDESEA servicios editoriales
Ilustración de portada: © Patrice Marty - Fotolia.com
Segunda edición: mayo de 2013
ISBN: 978-1484959909

Distribuidores: http://www.coronaborealis.es/?url=librerias.php

Dedicado a mis padres
por haberme apoyado tanto
en estos tiempos tan difíciles.

Índice

Presentación

Estimado lector, le doy la bienvenida al increíble mundo de los círculos del maíz; un mundo lleno de formas y dobles significados del que le haré partícipe en este libro que tiene en sus manos y en el que le explicaré todos los detalles que rodean a estos asombrosos hechos.

A lo largo de esta, mi primera obra, le propongo realizar un viaje hasta el fondo del mayor enigma al que nos enfrentamos en el siglo XXI. Un viaje de perfección, de geometrías, diseños y representaciones que alcanzan territorios que desbordan nuestra imaginación y evocan la distancia que separa nuestra vida mundana del misterio. Ese misterio que está ahí, aunque no salga en la mayoría de los medios informativos.

Les hablo de un fenómeno basado básicamente en la ciencia, propuesto sobre los campos de cultivo a modo de escritura sobre un papel, y cuyo mensaje engloba diferentes ecuaciones matemáticas con un sentido, un significado. Gigantescos matasellos perdidos en la inmensidad del campo.

Abarcando cientos de metros de campos de sembrado, los círculos solo pueden apreciarse desde el aire, al igual que ocurre con las famosas líneas de Nazca, pero a diferencia de éstas, aparecen año a año en regiones agrícolas de todo el mundo, conformando un fenómeno que contiene una intención globalizadora en su conjunto. Al mismo tiempo comprobará como cada círculo de las cosechas auténtico desafía el concepto que tenemos de qué es y qué no es una obra de arte.

Viajaremos en este viaje que les propongo al principal foco, al corazón del fenómeno, la provincia de Wiltshire, en Inglaterra, un misterioso lugar enclave de monumentos megalíticos dedicados a la astronomía, que también son circulares.

También repasaremos la historia del fenómeno, estudiaremos las plantas afectadas por los círculos y lo que les ocurre químicamente, e investigaremos qué tienen de especial los diseños auténticos en comparación con los fraudes. Analizaremos, en resumen, las variables científicas que determinan la autenticidad de los círculos, con el fin de señalar las diferencias con los casos falsos. Un proceso fascinante cuyo final refleja que estamos ante una serie de creaciones únicas e irrepetibles.

Estudiaremos la complejidad progresiva que ha ido adquiriendo el fenómeno, pasando de figuras simples a auténticos galimatías plasmados en el maíz, con una dificultad y una tridimensionalidad difícilmente replicables por la mano humana. A partir del año 1995, las figuras se vuelven extremadamente complejas, y cada año el fenómeno va a más, no se detiene. Es imparable.

A modo de microscopio que se va alejando de una muestra, también expondremos distintas perspectivas: una visión molecular del fenómeno, una visión a ras de suelo, una desde las alturas, y una última, vía satélite. Para ello, ilustraremos este trabajo con fotografías auténticas de las figuras tomadas desde avionetas y helicópteros, realizando un recorrido por los acontecimientos más destacados de las sesiones de los últimos 30 años.

Cada año, estos acontecimientos crecen en intensidad e intención, pudiéndose relacionar cada etapa con una temática distinta. Cada sesión anual tiene un propósito, un significado y un mensaje principal. Y con el cómputo de los años, comprobaremos juntos el mensaje global que concierne a estas sensacionales figuras. Por tanto, cada sesión anual de círculos del maíz presenta un desafío a la hora de interpretar el significado de cada obra principal, y es papel del lector poder desentrañar el misterio de cada trazo, de cada pequeño ángulo aparentemente imposible, pero posible, de cada figura.

Les invito a pensar por un momento en la posibilidad de que algo así esté ocurriendo realmente, en la opción vital que mostraría que nuestra visión de la realidad podría estar incompleta. Les invito a concebir, solo por un momento, el sentimiento de que nuestros valores, tan firmemente fijados en nuestro concepto de sentir y vivir la vida tradicionalmente, puedan ser removidos por la fuerza de este fenómeno. Está usted a punto de emprender un viaje hasta el límite de usted mismo, ¿hasta dónde cree que este fenómeno ha evolucionado?, y una pregunta más arriesgada: ¿servirá este libro para que alguna persona dé con la clave de cierto círculo de determinada temporada que pueda significar un mensaje importante para la humanidad?

Déjese llevar por sus instintos, y olvide sus prejuicios, las películas de Hollywood, y los superefectos de Photoshop. La información que va a ver a continuación es real, ocurre cada año, sin error, y está corroborada actualmente por científicos de todo el mundo. Las figuras aparecen de la noche a la mañana, aparecen para ser vistas, para ser interpretadas. Aparecen para ser decodificadas. Los mensajes, queridos lectores, aparecen con una intención, una razón de ser, y están dirigidos directamente a ustedes. Como comprobará, los *crop circles*, también son mensajes difíciles de entender, por nuestras propias limitaciones como seres humanos.

De la multitud de preguntas que usted puede hacerse antes de empezar a leer esta obra destacará seguramente la que atañe a la motivación y al fraude. ¿Qué porcentaje de fraude hay en el fenómeno? ¿Para qué se realizarían estos intrincados diseños? ¿Cuál es la causa de elegir este lenguaje matemático? ¿Por qué mayoritaria y necesariamente en Inglaterra?

En las páginas de este libro tiene las fotografías y los diagramas del fenómeno. Contémplelas con calma conforme vaya avanzando los capítulos y mírelas con detenimiento por favor. Tocar lo extraordinario, ver lo inaudito, rozar lo impensable, alcanzar el límite de nuestras creencias, y finalmente sentir cada una de las figuras de manera personal, en un enclave místico y científico, con esos diseños descomunalmente perfectos, y al final del camino, nosotros en el medio de todo. Esto que acabo de describir es el fenómeno de los círculos del maíz, pero es posible que al final de este libro usted tenga su propia definición. Es la maravillosa magia de coger un libro y levantarle de su asiento hacia un mundo desconocido pero tan real, que estremece.

Acompáñeme a un viaje hacia más allá de nuestros límites, a la compleja belleza de este mundo inaudito, y armónico. Acompáñeme, si está usted preparado, al fascinante mundo de los *crop circles.*

VICENTE FUENTES RODRÍGUEZ

Wilton Windmill

1º de Julio de 2002.

Capítulo 1
ORIGEN Y LOCALIZACIÓN DEL FENÓMENO

1.1. ¿Qué son los círculos del maíz?

Quisiera enseñarles una primera fotografía.

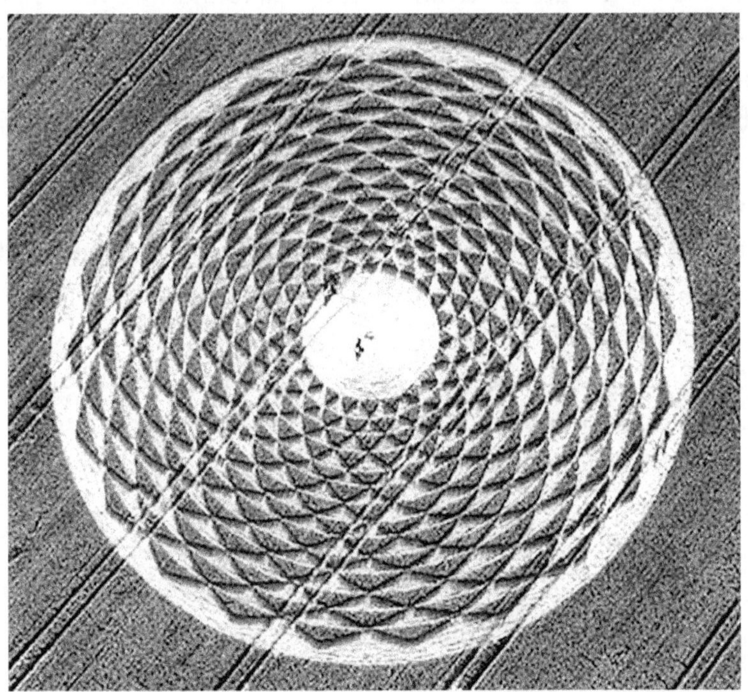

Diseño aparecido en Woodborough, Wiltshire, Inglaterra, el 13 de agosto de 2000, con más de 60 metros de diámetro y un área aproximada de más de 5.000 metros cuadrados. Fotografía de Frank Laumen.

Sea cual sea la información preliminar con la que aborda este tema y cualquiera que fuese el concepto que pudiera usted tener sobre el fenómeno, me gustaría empezar con esta imagen real, testimonio por sí misma de lo que significa y representa este misterio.

Ahí lo tiene. Posiblemente sea la primera vez que ve algo así. Despídase de cualquier pensamiento anterior a esa imagen. Esto que acaba de ver es un círculo del maíz real, fotografiado por el fotógrafo Frank Laumen desde un helicóptero en el verano del año 2000.

¿Sorprendido? Sin duda, estará de acuerdo conmigo en que es extraordinario. ¿Y qué le hace sentir? ¿Cuál es su sensación al contemplar semejante obra? Cada persona siente una sensación diferente ante cada una de las figuras. Es un enigma que se convierte en personal, ya que cada círculo es único y nuestras reacciones ante ellos también lo son. Este es un libro sobre los círculos del maíz y el hombre, y está usted a punto de convertirse en parte de la historia. Viendo las imágenes que le voy a presentar, usted puede darse cuenta de algo que todos hemos pasado por alto, o incluso puede descubrir algún detalle importante que ayude a explicar estos sucesos. Quizá usted pueda ser la clave.

Tanto si descubre algo como si no, es mi deber como capitán del barco que le guiará sobre este inexplorado paraje explicarle resumidamente toda la información existente sobre el tema, para que al menos aprecie usted en esta obra la humilde maestría de la que hacen gala estos círculos perdidos en los campos de cultivo. Este descomunal *crop circle* del año 2000 es solo una muestra de lo que le espera en este viaje.

La manera en la que descubriremos este enigma está basada en diagramas de las figuras y en fotografías reales de las mismas, tal y como puede ver en el siguiente ejemplo del año 2010.

Diagrama y fotografía del círculo aparecido en 2010 en Liddinton Castle, Swindon, Wiltshire, Inglaterra. Foto y diagrama: Vicente Fuentes.

Comencemos, una vez dadas las pautas, con esta guía sobre el país de las maravillas.

Definición

Los círculos del maíz, también llamados agroglifos, agrogramas, y a nivel, mundial bajo su denominación inglesa, «*crop circles*», son representaciones de formas armónicas basadas en la geometría y plasmadas en los campos de cultivo de países de todo el mundo. Abarcan multitud de disciplinas y significados en su temática, y aparecen en campos de maíz, trigo, cebada, hierba, colza, arroz, lino, guisantes, e incluso en el hielo. También sobre flores, y sobre plantas de cereales aun no germinados.

Los auténticos diseños que vamos a estudiar en este libro, presentan las siguientes características:

1. Las plantas están dobladas, no rotas, ni cortadas, ni segadas

Observen con atención la comparación de una planta de un círculo del maíz auténtico con respecto a una planta de un círculo realizado fraudulentamente por manos humanas:

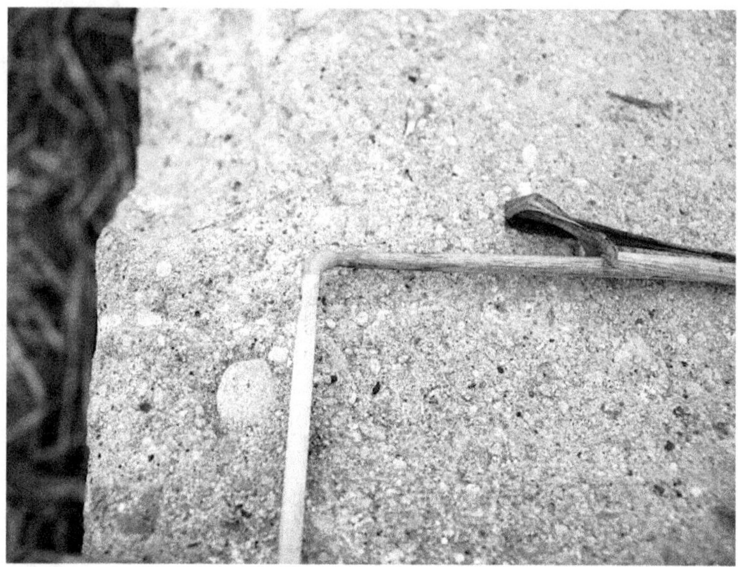

Fotografía de un tallo de trigo de un círculo del maíz auténtico aparecido en Silbury Hill, el día 31 de mayo de 2010. Presenta su primer nudo doblado y alargado sin estar roto. Foto. Vicente Fuentes.

Fotografía de un tallo de trigo de un círculo del maíz falso aparecido en Madrid el 27 de junio de 2008. Los tallos estaban todos rotos, muestra de que fue un fraude. Foto: Vicente Fuentes.

Esta peculiaridad, lejos de resultar un detalle sin importancia, cobra todo el protagonismo en el análisis microscópico, y en los estudios de campo de las figuras. El hecho de que las plantas no estén rotas proporciona una base física y comprobable en un laboratorio para fundamentar científicamente la aparición de una **carga de energía** aplicada a cada uno de los tallos. Una carga de energía que alarga el primero de los nodos, o incluso las raíces, y que dobla la planta entera en una dirección determinada en un proceso artificial que afecta a todos y cada uno de los cientos de miles de plantas que hay en un círculo del maíz auténtico.

Por tanto, la manera que tienen los tallos de aparecer tumbados y los sucesos que ocurren en ellos son factores determinantes a la hora de distinguir entre figuras realizadas por aficionados y las verdaderas figuras del fenómeno, como veremos más adelante.

2. Tamaño y horas de aparición

Aparecen en la mayoría de los casos de la noche a la mañana, durante la madrugada, y engloban diferentes tamaños, desde pequeños trazos de menos de un metro (encuadrados en una figura mayor), hasta diámetros y perímetros de más de 550 metros, o lo que es lo mismo, una extensión que abarcaría cuatro campos de futbol con sus gradas incluidas.

Los diseños auténticos solo pueden apreciarse en su totalidad desde una perspectiva aérea y están realizados **sin la posibilidad de poder observar el resultado final durante la realización del mismo**, dadas las condiciones de total falta de luz durante la noche. Vamos a ver unos ejemplos de lo que les comento:

Ejemplo 1: un investigador del fenómeno de los *crop circles* en medio de una de estas descomunales figuras intenta ver el final del círculo con sus prismáticos. Es imposible saber la forma del círculo desde abajo. Foto: Vicente Fuentes.

Ejemplo 2: en esta foto se aprecia una de los cinco brazos de una estrella de cinco puntas aparecida el día 3 de julio de 2010 en Chisbury, Wiltshire. Era imposible poder determinar desde el suelo la perfecta forma del diseño porque solo desde las alturas la figura tomaba su verdadera dimensión. Foto: Vicente Fuentes.

Diagrama y fotografía aérea del mismo círculo aparecido en 2010 en Chisbury, Wiltshire, Inglaterra. Foto: Vicente Fuentes. Diagrama cortesía de Berthold Zugelder. www.cropcircle-archive.com

Ejemplo 3: vista de un círculo del maíz a 100 metros de distancia con un 5% de inclinación. Es imposible llegar a distinguir la figura desde lejos. El diagrama adjunto muestra lo que realmente se ve desde las alturas de esta figura aparecida en Oare, Wiltshire en junio de 2010. Foto: Vicente Fuentes. Diagrama de B. Zugelder.

Para demostrar el ejemplo anterior, el autor se subió a una colina de 50 metros de altitud, equivalente a una casa de 10 pisos, para poder tener una vista elevada de la figura. Como puede comprobarse, no puede apreciarse en detalle el diseño del círculo, algo que demuestra la dificultad de confeccionar algo así sin tener referencias. Foto: Vicente Fuentes.

3. Los trazos siguen las normas de una matemática depurada y perfecta, basada en representaciones bidimensionales y tridimensionales

En las figuras reales se pueden apreciar a primera vista profundidad de campo, líneas y puntos de fuga, perspectivas caballeras y cónicas, elipses, hipérbolas, cuadrículas y funciones matemáticas complejas, todo ello mezclado en ocasiones en una misma obra.

Crop circle aparecido en Wayland Smithy, el día 8 de julio de 2006. Los complejísimos cálculos matemáticos que harían falta realizar para obtener la figura se llevaron a cabo de manera perfecta, todo ello a oscuras en un campo de maíz, y con un diámetro de 150 metros. Diagramas cortesía de www.cropcircle-archive.com y www.Zefdamen.nl

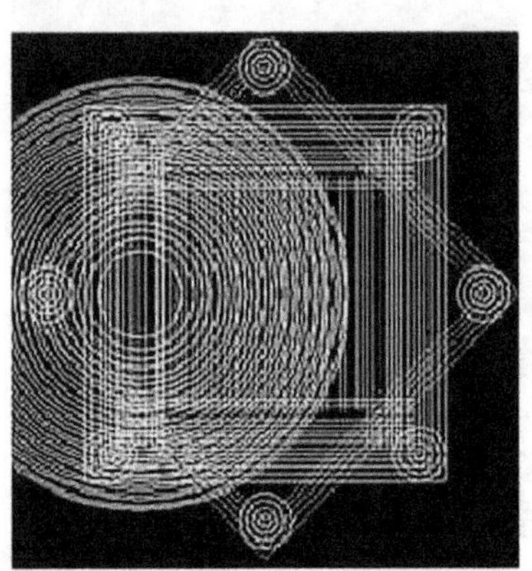
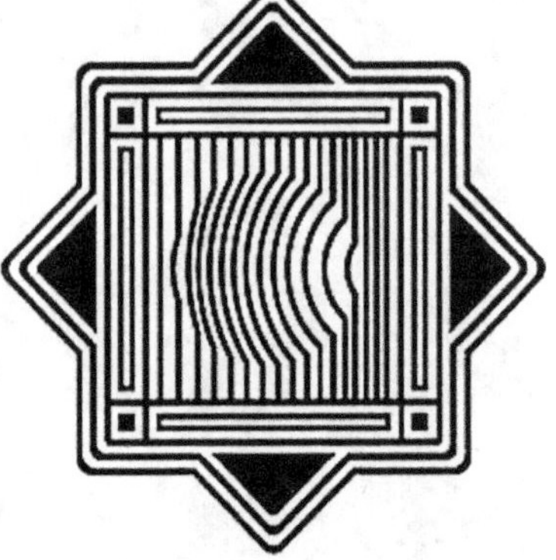

En este diseño por ordenador podemos ver la impresionante complejidad para hacer la figura aparecida el día 3 de agosto de 2010, en Whitefield Hill. En el campo, la desviación de un solo centímetro en cualquiera de las líneas de este diseño habría dado al traste con la forma final del cuadrado interior, y de la esfera tridimensional del centro. Diagramas cortesía de www.cropcircle-archive.com y www.Zefdamen.nl

Son representaciones con un carácter matemático muy claro, sea cual sea el diseño, y tanto el nivel de complejidad como la manera de aplicarlo sobre el maíz hacen de la figura algo realmente fascinante por su perfección.

4. No existe margen de error, las figuras están realizadas, están impresas, de una sola pieza

En las figuras reales no hay ni una sola modificación (tallos corregidos, o zonas tumbadas repetidas veces). Tampoco hay señal de manipulación de ningún tipo (palos, cuerdas, agujeros en el terreno, vallas derribadas, pisadas o signos de que alguien haya entrado y modificado el recinto). Su aspecto es como el de un gran matasellos impreso sobre un campo de cultivo.

Ni un solo fallo en esta espectacular formación de 409 círculos aparecida en Milk Hill, el 14 de agosto de 2001. 240 metros de perímetro total y una superficie ocupada de 45.238 metros cuadrados. Fotografía de Frank Laumen.

Por otra parte, los *crop circles* auténticos aparecen en campos que son propiedad privada, con vigilancia de los propietarios, y cuya entrada está prohibida al público. Incluso en ocasiones han aparecido en terreno militar, con lo que, si lo analizan un segundo, se imposibilitaría en gran medida la presencia de fraudes, o de público en general dentro de esas instalaciones. Más tarde analizaremos en profundidad este espectacular conjunto de círculos de las cosechas en terrenos militares.

5. Se observan cánones matemáticos de simetría al 100%

Ejemplo 1: diagrama del círculo aparecido en Uffinton Castle, Oxfordshire, el día 8 de julio de 2006. Cortesía de www.cropcircle-archive.com

Ejemplo 2: simetría incluso en una representación tridimensional en el círculo aparecido en Aldbourne, Wiltshire, el 11 de julio de 2006. Cortesía de www.cropcircle-archive.com

Esto significa que las figuras tienen ejes de simetría a partir de los cuales podemos comprobar infinidad de cálculos realizados de manera perfecta. Si pusiésemos un espejo en el centro de muchas de las figuras, ambos lados reflejarían lo mismo, incluso invirtiendo los colores en algunos casos.

Se respetan igualmente las escalas en todo el diseño, las proporciones áureas (estudiadas por Leonardo da Vinci) y, en ocasiones, también se incluyen elementos del propio campo como parte del significado de la figura.

6. En su temática poseen dos principales vertientes

a. La primera categoría consta de diseños que expresan representaciones «pictóricas» (dibujos puros realizados de manera simbólica). El diagrama es de Berthold Zugelder ©.

Diagrama del *crop circle* con forma de libélula aparecida el día 3 de junio de 2009 en Yatesbury, Wiltshire, con 125 metros de longitud. Según las últimas investigaciones, el simbolismo de la libélula ha sido identificado como el de «cambio» y las extrañas marcas de los círculos que conforman su cuerpo han sido identificadas como posibles zonas del planeta Tierra. ¿Ve usted algo más? ¿Qué significan las marcas en esas esferas?

b. La segunda categoría está basada en la geometría pura, con series de diseños que abarcan diferentes campos de la matemática compleja.

Cuatro espirales logarítmicas perfectas con 48 separaciones entre dos de ellas, en el *crop circle* aparecido el día 9 de junio de 2008 en West Kennet, Wiltshire. Diagrama cortesía de Berthold Zugelder ©.

En las dos categorías sería necesario decir que están representados adicionalmente numerosos conocimientos científicos enmarcados en ciencias como la astronomía, la biología, la microbiología, la teoría del caos, los problemas matemáticos, la física o la química.

Por otra parte también aparecen símbolos de culturas antiguas, y referencias a la actualidad.

7. Existen cambios físicos, medibles y comprobables a nivel científico dentro del perímetro de las figuras

El interior de algunos de los nodos de las plantas se ve afectado por un calor de radiación tan intenso que en ocasiones es visible desde el exterior de la planta. Foto: Vicente Fuentes.

En los verdaderos diseños existen alteraciones en los campos eléctricos, anomalías magnéticas, emisiones de frecuencias de sonido dentro de los propios círculos y, sobre todo, una serie de emisiones de energía de radiación a varios niveles.

De manera esporádica, también aparecen insectos petrificados tras la formación del círculo del maíz. Están perfectos por fuera y quemados, irradiados, por dentro. Foto: Vicente Fuentes.

Como conclusión, se presentan alteraciones en la tierra de los sembrados, en cada una de las cientos de miles de plantas afectadas en cada *crop circle*, en el crecimiento posterior de esas plantas y en los seres vivos que habitan la zona. En resumen, los campos de cultivo son alterados a nivel biológico por una serie de factores que se presentan solo dentro de los círculos.

8. Disposición de las plantas

Los verdaderos círculos de las cosechas tienen las plantas entrelazadas y pueden presentarse tanto en el sentido de las agujas del reloj como en sentido contrario. En algunos casos aparecen diferentes técnicas para realizar los diseños, como el puntillismo (técnica basada en disponer puntos para lograr una imagen), o incluso una representación interlineada similar a la obtenida al realizar una fotografía a un monitor de ordenador.

Las plantas aparecen en algunas zonas como si estuvieran «peinadas». Colocar una a una los cientos de miles de plantas de un círculo del maíz sin romper ni una sola es una tarea científicamente imposible de realizar en una sola noche. Disposición de plantas aparecidas en el círculo de Chisbury, Wiltshire, en 2010. Foto: Vicente Fuentes.

Las espigas de trigo también se ven afectadas por la energía que forma estas figuras. Foto: Vicente Fuentes.

En ocasiones, cuando alguna de las partes de los diseños muestra pequeñas circunferencias concéntricas, la parte central aparece impoluta, sin las marcas de agujeros que se necesitarían hacer para clavar un compás. Foto: Vicente Fuentes.

También ha podido estudiarse que las plantas aparecen dobladas desde la raíz, como en este ejemplo tomado en los terrenos de Wilton Windmill en julio de 2010. Foto: Vicente Fuentes.

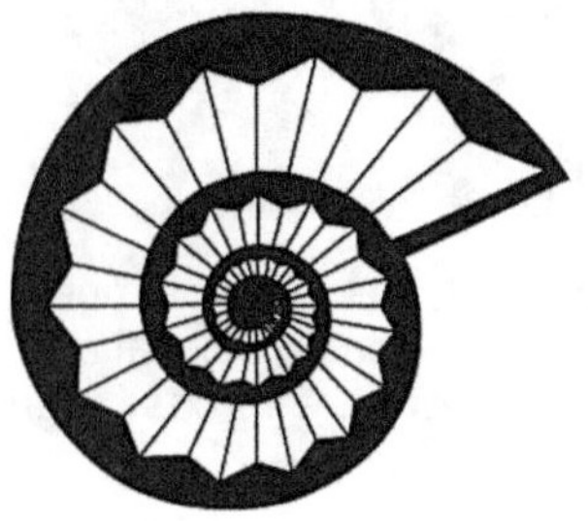

Otra de las increíbles propiedades de la disposición de las plantas es que en el centro de algunas de las figuras aparece una geometría de espiral logarítmica, algo realmente difícil de calcular a nivel milimétrico a oscuras, en las lluviosas y frías noches del oeste de Inglaterra. Foto: Vicente Fuentes. Diagrama de B. Zugelder.

9. Aparecen las marcas de los *crop circles* antiguos una vez se han segado los campos

Milk Hill, 2010. Fotografía de Frank Laumen.

Los campos son segados una vez terminado el verano, pero al año siguiente, la sombra de algunos círculos de la temporada anterior se puede ver en las nuevas plantas. Esta característica es extraordinaria ya que demuestra que el crecimiento de los tallos se modifica para siempre. Por supuesto este increíble hecho nunca se da en los círculos fraudulentos.

Estas son las características básicas. A lo largo de los siguientes capítulos realizaremos un recorrido a través de su historia y su evolución. Son ustedes los que deberán sacar sus conclusiones y los que pueden, como decíamos, implicarse, dar un paso más allá y descubrir esa pieza que falta en este rompecabezas.

Un puzle que, como veremos, empieza en las los hongos que rodean los nodos, y acaba en un salto de cientos de metros con una visión aérea de las figuras. Pero no adelantemos acontecimientos. Cojamos, por un momento, la máquina del tiempo.

1.2. Referencias históricas del fenómeno

Viajemos hasta la Inglaterra del siglo XVII. Vamos a repasar los orígenes del fenómeno para exponer una visión completa del mismo. ¿Cuándo fue el pistoletazo de salida? ¿Dónde se reportaron los primeros casos e investigaciones? Es indispensable mencionar la primera referencia escrita conocida sobre el fenómeno de los círculos del maíz, el manuscrito *The Mowing Devil.*

El diablo segador

En un documento impreso en madera datado el 22 de agosto del año 1678, llamado *The Mowing Devil* (el diablo segador) —conservado en los archivos de la Biblioteca Nacional del Reino Unido, en Londres—, se descubrió la primera alusión histórica a estos hechos que se presentan hoy en día de forma masiva. Observe bien esta fotografía. En el dibujo aparece un círculo ovalado en un campo de cultivo realizado por una figura demoníaca con una hoz en sus manos.

The Mowing-Devil:

Or, Strange *NEWS* out of

Hartford-ſhire.

Being a True Relation of a Farmer, who Bargaining with a Poor *Mower*, about the Cutting down Three Half Acres of *Oats*, upon the *Mower's* asking too much, the Farmer swore, *That the Devil should Mow it, rather than He.* And so it fell out, that that very Night, the Crop of Oats shew'd as if it had been all of a Flame; but next Morning appear'd so neatly Mow'd by the Devil, or some Infernal Spirit, that no Mortal Man was able to do the like.

Also, How the said *Oats* ly now in the Field, and the Owner has not Power to fetch them away.

Licensed, August 22th, 1678.

The Mowing Devil, Biblioteca Británica, 1678.

El dibujo contaba con una inscripción en inglés medieval, que narra la historia de un campesino que aseguraba haberse encontrado en sus campos con círculos y figuras. La descripción que se ofrece es similar a los casos que encontramos en la actualidad. Para mejor comprensión de la traducción, por favor tenga en cuenta que la manera de expresarse en el siglo XVII en el Reino Unido es diferente de nuestros actuales conceptos de lenguaje escrito:

> Siendo verdadero que entre un granjero negociando con un segador pobre con respecto a cortar tres acres y medio de campos de paja (ocurrió lo siguiente):
>
> Tras pedírselo en demasiadas ocasiones el segador, el granjero juró que «el diablo debería segar los campos antes que él».
>
> Y antes de que cayeran (las ramas) esa misma noche, los campos de maíz parecieran que estaban llenos de llamas. Pero a la siguiente mañana aparecerían tan cuidadosamente segados por el demonio o alguna fuerza demoníaca, que ningún hombre mortal sería capaz de hacer algo así. Además, por cómo estaban las pajas tumbadas, el propietario no tiene el poder de recolocarlas.
>
> Licenciado el 22 de agosto de 1678.

Según la investigación del experto Andy Thomas en su libro *Vital Signs* (señales vitales), el texto original completo también incluía lo siguiente:

> Si el diablo tuviese una mente para mostrar su destreza en el arte de la agricultura, y despreciase después segar (los campos) de la forma habitual, él los cortaría en círculos redondeados. Y colocaría cada paja con tal exactitud que hubiera supuesto más de una vida para cualquier hombre, el realizar lo que hizo en una noche.

Certificado este manuscrito como auténtico por el Museo Británico y la Biblioteca Británica, tendríamos que analizar las concordancias que hacen de ésta la primera referencia. Al igual que en los casos actuales auténticos, en este grabado se alude a la aparición súbita de círculos en un campo de cultivo, y a una sensación de estar ante algo completamente exacto («cuidadosamente segados», «ningún hombre sería capaz de hacer algo así»).

También es bastante esclarecedor el hecho de la aparición de los campos «llenos de llamas» durante la noche, algo que podrá relacionarse en la parte final del apartado 2.4., más adelante, con la descripción de los avistamientos que acompañan a la creación de los círculos de maíz.

El detalle sobre la colocación de las ramas, también aparece en este panfleto, ya que se alude a la imposibilidad de recolocar la paja a su estado original. Este hecho, solamente puede ocurrir si la forma en la que aparecieron las ramas dobladas fuese intrincada y complicada de gestionar, incluso para un campesino acostumbrado a trabajar en el campo.

Teniendo en cuenta que la sociedad británica del siglo XVII estaba fuertemente controlada por la religión, y que el pueblo llano disponía de unos conceptos de ciencias muy limitados, sería lógico pensar en aquella época que la autoría de semejantes diseños complejos fuese obra del mismísimo diablo. ¿Qué figura sino encarnaba lo imposible, el misterio y lo sobrenatural para aquel pueblo? Lo desconocido siempre era obra del diablo.

Lo que resulta extrañamente familiar es el lugar de donde está datado el pergamino, Hartford-Shire (actualmente Hertfordshire), muy cerca de Londres, a menos de 150 kilómetros del punto caliente actual de aparición de círculos del maíz, la provincia de Wiltshire. ¿Una casualidad? En aquel tiempo, la única manera de enterarse de los asuntos de la campiña inglesa era acceder a la información que llegaba de Londres, y Hartford-Shire era el lugar donde se distribuían preferentemente las noticias del suroeste de Inglaterra. Igualmente, en el panfleto grabado en madera aparecen dos detalles muy importantes:

- El primero es la extensión del diseño: 3.5 acres, o lo que es lo mismo, la friolera de 14.164 m^2 de área afectada, una longitud global que podríamos considerar bastante grande (unos 120 metros de diámetro) a tenor del testimonio, pero que se correspondería con el tamaño medio de los actuales círculos que aparecen en Inglaterra.

- El segundo es el propio diseño del círculo. Como dibujo figurativo y divulgador, podría entenderse que la manera de hacer llegar a un lector que el campo ha sido modificado, es colocando una hoz al diablo que recorre los campos.
  Aunque el campo no hubiera sido realmente cortado, la única manera que se encontró de hacer llegar el mensaje fue colocar una herramienta al protagonista (una hoz es un instrumento de labranza que fácilmente se relaciona con trigo caído).

El dibujo no deja claro que el campo haya sido realmente segado, ya que si se fija, el diablo camina sobre plantas que no están cortadas, sino tumbadas. La hoz, decía Thomas, sería una licencia del autor del panfleto para relacionar el diablo con los círculos y con maíz caído. Por otra parte, si analizamos el diseño, como dibujo figurativo, el autor podría haberse quedado satisfecho con un simple círculo, con el protagonista en medio, pero si se fijan, el diablo hace una elipse dentro de otra. Que la forma fuese elíptica realmente no puede saberse a ciencia cierta, ya que es posible que la forma de pintar la escena estuviese determinada por el propio espacio que sobraba del pergamino. Pero la propiedad de que aparezca un círculo dentro de otro es muy interesante, porque expresa cierta complejidad en el diseño: círculos concéntricos. Un círculo dentro de otro.

Si hacemos balance vemos complejidad en la forma en la que están doblados los tallos, cierta complejidad en el diseño, gigantesco tamaño, llamas en la noche, y culpabilidad al diablo por tener en cuenta la imposibilidad de que ningún ser humano haya podido hacerlo; y todo editado en el siglo XVII a menos de 150 kilómetros de Wiltshire, el punto caliente actual del fenómeno.

Según la mayoría de los expertos, estas características podrían indicarnos la relación inequívoca de esta obra con los círculos de hoy en día. Pero aun hay otro detalle: el diseño está datado del día 22 de agosto. El octavo mes del calendario ha sido siempre clave en todas las sesiones de todos los años en los que se comprende la etapa moderna de los círculos del maíz, por el gran número de diseños aparecidos sin excepción año a año. Sin duda una secuencia de casualidades difícil de analizar sin pensar en que existe un fondo histórico real en estos hechos. Sigamos con el viaje.

Un químico entre sembrados

A partir de este documento real de «El Diablo Segador», existen más menciones de relevancia a la hora de valorar el fenómeno históricamente. Según el ICCRA (Asociación Independiente de Investigadores de los *Crop Circles*), en 1686, Robert Plot, profesor de Química de la Universidad de Oxford, investigó y estudió de primera mano al menos 50 lugares del sur de Inglaterra, en los que había aparecido este fenómeno, constatando «círculos simples, círculos con cuadrados, anillos y espirales».

Esas geometrías se corresponden con los diseños básicos que sobre todo podemos ver en los casos de la década de 1980 y la primera parte de la de los 90, lo que podría ser una muestra de que el fenómeno ha aparecido en diferentes etapas de evolución a lo largo de la historia.

Además de referenciar los casos con los testimonios de los testigos de aquel entonces, Robert Plot se percató de la influencia que tenían los círculos en su entorno natural, al observar que los animales evitaban pisar las zonas aplastadas; los animales, grandes o pequeños, ni se acercaban a los círculos, según constató Plot.

Retrato de Robert Plot (1640-1696). Profesor de Química de la Universidad de Oxford, considerado como el primer investigador del fenómeno de los círculos del maíz.

En un principio, Robert Plot abogó por la autoría por parte de extraños vórtices de viento que producían la figura que luego se veía en la tierra. Una teoría en donde una especie de tornado tocaba el suelo, pero con la diferencia de que ese tornado tendría en su boca de entrada otro tornado geométrico interior, algo imposible según la ciencia.

Recreación de uno de los dibujos de Robert Plot sobre su primera teoría sobre la creación de los círculos del maíz. Dibujo: Vicente Fuentes.

Aquella primera teoría no le convenció del todo y siguió investigando; Sabía que se estaba equivocando y que había algo más. Como científico y director del museo Ashmolean de arte y arqueología, adjunto al complejo institucional de la Universidad de Oxford, Robert Plot publicó sus primeros trabajos de investigación sobre el fenómeno, y lo hizo en el primer libro realizado sobre este tema titulado *La historia natural de Staffordshire*.

En esta pionera obra, Plot explicó la realización del primer experimento científico de la historia de los *crop circles*, hecho que le convertiría, sin saberlo, en el pionero de toda una generación de investigadores, que años después con el resurgir del fenómeno en los años 70, también estudiarían las plantas y repetirían sus estudios.

Con muestras de plantas recolectadas de cada uno de los 50 casos de círculos del maíz en los que había estado, este profesor de química del siglo XVII se encerró en su laboratorio y se puso a investigar. Imagínense a ese profesor hace 300 años, encerrado en los cuartos más oscuros de la Universidad de Oxford, luchando por descifrar el misterio que tiene usted ahora mismo en sus manos.

Plot en sus largos años de estudio, hizo experimentos con plantas y arena de dentro y de fuera de los círculos. Comprobó las muestras y vio sus diferencias. La conclusión a la que llegó fue que en las muestras de tierra del centro del círculo se producía una mayor deshidratación con respecto a las tierras del exterior. Aquella tierra afectada de dentro del círculo tenía menos porcentaje de agua de lo normal.

Esta deshidratación repentina no podía ser natural, ya que solo afectaba al terreno de plantas dobladas, y por eso Plot determinó que la variable que modificaba las plantas y los suelos era la recepción de una energía calorífica suficiente para desecar el suelo y además tumbar las ramas sin rotura.

Una energía que él atribuyó (bajo los fundamentos iniciativos de la ciencia del siglo XVII) a rayos eléctricos caídos de una tormenta. ¿Qué otra energía podía golpear el campo de tal manera que podía desecar los terrenos y tumbar a su vez la vegetación? Ante la imposibilidad de poder constatar estos mismos efectos en campos afectados por los efectos de la caída real de un rayo, y tras comprobar que las figuras aparecían sin la mediación de tormenta o alteración visible del tiempo, Plot acabó mencionando en su trabajo la posibilidad de la autoría de brujas o duendes, o el mismísimo demonio, pensamiento antiguo muy presente en el folclore de las Islas Británicas, incluso entre las clases altas, y que servía para explicar todo aquello a lo que la ciencia no podía dar solución alguna.

Como químico, constató la presencia de microresiduos blancos de óxidos de azufre —diferentes de los fertilizantes sulfurosos—, y comprobó un crecimiento adicional del 30% en las plantas afectadas por los círculos, en comparación al crecimiento normal de las plantas no afectadas por el fenómeno. Como estudiaremos más adelante, la aparición súbita de muestras de azufre solidificado en las plantas de los círculos, es indicativo de la presencia controlada de energía en la confección de los diseños.

Como pionero, Robert Plot desarrolló la primera investigación aplicando un arcaico método científico en relación a este tema, pero pasarían muchos años antes de que se retomara el interés de la ciencia por este tema. Su investigación no fue continuada tras su muerte. Fue la historia de un hombre que vivió fascinado ante un enigma imposible en un tiempo en el que la ciencia comenzaba a despegar.

«El semanal de los caballeros»

En 1730, Edward Cave, editor e impresor de prensa escrita de Londres, Inglaterra, creó el primer magazine informativo sobre temas generales que pudieran resultar de interés a toda la sociedad civil de aquel entonces. Bajo el nombre de *The Gentleman's Magazine: or Traders Monthly Intelligencer*, esta publicación aunaba detalles de la vida política, social, y económica de su tiempo, en un formato accesible y económico para las clases populares, aspecto que lo catapultó hacia el éxito comercial durante doscientos años hasta su cese de producción en septiembre de 1907.

En el intervalo de 1790 a 1793, sesenta años después de su primer número, y con una fama de credibilidad plausible dentro del Reino Unido, en esta publicación aparecieron una serie de reportajes exponiendo la situación a la que se enfrentaban nuevamente diferentes campesinos del sur de Inglaterra ante lo que llamaron «*fairy rings circles*» (anillos circulares de fantasía). En estos reportajes se exponían diferentes puntos de vista sobre los casos y se representaban diagramas aproximados que mostraban las formas geométricas de aquellas antiguas figuras.

The *Gentleman's Magazine*;

ST. JOHN's Gate.

For MARCH, 1792.

CONTAINING

By SYLVANUS URBAN, Gent.

En el *Semanal de los Caballeros* de marzo de 1792, desde la pagina 209 a la 211, se habla de los «*fairy rings*» —anillos de fantasía—, acepción comúnmente usada en el sur de Inglaterra para describir a los círculos del maíz.

También se publicaron comentarios de la Royal Society en los que se exponía como conclusión principal la autoría no humana de dichos círculos a favor de los efectos de la caída de rayos en los sembrados afectados, sin dar más explicación o demostración del porqué de su hipótesis. Sencillamente, ellos tampoco lo sabían, pero lo relacionaban con energía. Y la energía de un rayo era lo más potente que conocían.

Resulta especialmente interesante la manera de definir la autoría de dichos casos antiguos bajo la denominación de «fantasía», o «demoníaco», y la causalidad de rayos de tormentas sin constatar en ningún caso los mismos efectos en campos afectados por autenticas tormentas eléctricas. Pero aun errando en el origen de los rayos, la conclusión de aquellos pioneros en el campo de la investigación de los agroglifos no estaba desencaminada en el fondo. Aquello no lo había podido hacer el hombre.

A pesar de estas anécdotas informativas, los comentarios históricos sobre este fenómeno se han mantenido tradicionalmente en el umbral del desconocimiento más absoluto para la opinión pública en todas las épocas. El tema siempre ha sido tocado con un halo de misterio y tratado como un tema tabú por las autoridades, como tantas y tantos incidentes relacionados con los sucesos paranormales. Por su propio carácter rural, alejado de las grandes ciudades, siempre fue tratado como algo más propio del folclore de campo que de la ciencia. Aun así, la fuerza del fenómeno trascendía de poco en poco del campo a la ciudad. Del folclore a la ciencia. De la leyenda al laboratorio.

Cualquiera que fuese la causa de la creación de los *crop circles*, en los reportes científicos antiguos sobre los terrenos se presentaban siempre dos características principales:

1. Emisión de energía sobre los campos de cultivos.
2. Características físicas y químicas no aplicables a la acción del hombre.

La información histórica sobre este fenómeno no se ha mantenido constante a lo largo del tiempo, pero sí se han conservado un gran número de referencias históricas. Vamos a hacer una cronología con todos los acontecimientos y los principales diseños hasta hoy.

Cronología antes del siglo XX

Siglo I

- Adelaida en el sur de Australia.
- Panchgani, India.
- Turquía, Anatolia.
- Noreste de Escocia e Inglaterra.

Siglo IX

- Zona de los Alpes (Francia).

Siglo XVI

- Wiltshire (Inglaterra), en 1590
- Assen Drenthe (Holanda), el día 18 de mayo de 1590.

Siglo XVII

- 1633. Cincuenta diseños en Wiltshire (Inglaterra).
- Hertfordshire, Inglaterra, el día 22 de agosto de 1678.
- Staffordshire, Inglaterra, en el verano de 1686.

Siglo XIX

- High Wycombre, Buckinghamshire, Inglaterra, el día 4 de octubre de 1871.
- Sudáfrica, a principios de 1879.
- Guilford, Inglaterra, el día 21 de julio de 1880.
- East Kent, Canadá, Ontario, en julio de 1880.
- Highland, Escocia, en 1890.
- Buckinghamshire, en el verano de 1900.

Por supuesto, dada la inexistencia de los medios de comunicación tal y como los conocemos ahora, es completamente posible que solo nos haya llegado el 1% de la actividad de círculos del maíz registrada antes del siglo XX. Y es a este convulso siglo donde dirigiremos la mirada ahora.

Siglo XX

Durante los primeros años del siglo XX, tenemos las primeras referencias serias del fenómeno en los cinco continentes, y en las poblaciones y localidades afectadas por estos hechos, sobre todo en Inglaterra. La cantidad de leyendas e historias relacionadas con los círculos del maíz en los últimos siglos es una constante. Historias que se transmiten de padres a hijos, impregnadas de ese secretismo que tienen los temas prohibidos u ocultos. Historias que la gente solo comentaba a escondidas debido al miedo al «qué dirán», al miedo a lo desconocido, un miedo tan ancestral como el propio ser humano. Todo ello sazonado con la indiferencia y la propia cerrazón de la mayoría de los seres humanos con respecto a este tipo de temas, algo comprensible dados los valores y creencias de nuestras sociedades.

Por otro lado, desde siempre las clases dirigentes han menospreciado la multitud de testimonios de la gente del campo, siendo estos tan validos como los que pueda tener cualquier persona. Este es un punto vital, que ya se pudo ver en las desclasificaciones de documentos de los Ministerios de Defensa de muchos países (España, por ejemplo), en el que se catalogaban los testimonios de las personas según su posición social, su clase, sus estudios, y su vida privada. Quizá esos campesinos no sabían de geometría o de botánica avanzada, pero se enfrentaban honradamente a lo desconocido y aquello les hizo intentar explicarlo a su manera. Aquello estaba allí.

El siglo xx tiene el gran honor de inaugurar la época dorada de los círculos del maíz. Pero llegar hasta este punto, hasta el mismo momento en el que usted tiene este libro en sus manos no ha sido fácil. La falta de material gráfico ha sido hasta los años 90, el mayor lastre para sacar a este fenómeno del ostracismo, y es muy posible que estos hechos hayan ido apareciendo en distintas etapas de nuestra historia, pero toda esta información nunca haya sido publicada ni procesada. Imagínese la cantidad de maravillas que han podido presentarse en nuestro mundo, y que nunca podremos ver, porque no hay reportes, ni fotografías de las mismas, y las que ha habido han sido ocultadas hasta bien entrados los años 90. El fenómeno de los círculos del maíz, bien puede ser la maravilla olvidada de nuestra era.

Fotografías y primeros incidentes

La primera fotografía oficial de un *crop circle* data de 1932, de la localidad de West Sussex, en Inglaterra. Constaba de un diseño de cuatro anillos concéntricos con plantas dobladas (una vez más), no cortadas. El escritor e investigador Terry Wilson, autor del libro *La historia secreta de los círculos del maíz*, afirmaba que existieron más de trescientos casos conocidos de figuras aparecidas solo entre 1945 y 1980.

Wilson exponía también que las primeras referencias del fenómeno hablan de al menos 25 casos documentados reales antes de la Segunda Guerra Mundial solo en Inglaterra. A todo esto, siempre habría que sumarle el porcentaje de diseños que nunca son descubiertos, o los que nunca son reportados ni a las autoridades, ni a los investigadores del fenómeno.

En 1952, dos hermanos de la localidad de Mickleham pudieron contrastar los efectos de una especie de vapor que emanaba de un círculo del maíz al que habían entrado, intrigados por las formas que se presentaban en los campos. Imagínense la sensación de estos hermanos, cuando cuarenta años después vieron por casualidad el mismo efecto en fotografías tomadas dentro de verdaderos círculos del maíz. Era lo mismo. La misma anomalía de luz y vapor.

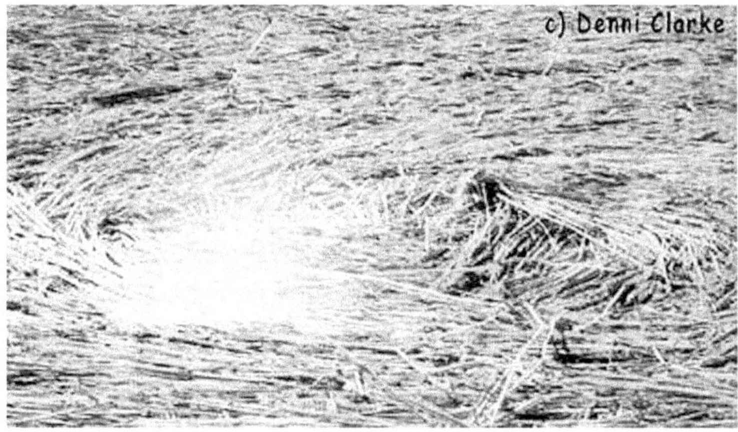

Anomalía en forma de vapor saliendo de un círculo del maíz. El fotograma pertenece a una filmación datada de 1995, en un punto de un *crop circle*, donde anteriormente había fallado una cámara de fotos. Imagen cortesía de Denni Clarke. http://www.magicalmysterytours.com

Separemos el siglo xx en tres partes: de 1901 a 1970, de 1970 a 1985, y de 1985 a la actualidad. Vamos a exponer la relación de casos en estas tres etapas:

Periodo 1901-1960

- Octubre del año 1910 en Fencott Oxfordshire, Inglaterra.
- Junio de 1918 en Bilsington, Kent, Inglaterra.
- Verano de 1922 en Chilcombe, Hampshire, Inglaterra.
- Diferentes círculos en Klus-schleswig, Holstein, Alemania en el periodo 1920-1922.

- Lago Tisaren, Suecia, en 1926.
- Westlands, Yorkshire, Inglaterra, en 1930.
- Eversden, Cambridgeshire, Inglaterra, en julio de 1934.
- Helions Bumpstead, Essex, Inglaterra, en el verano de 1935 y 1937.
- Kilmacanogue, Wicklow, Irlanda, en 1939.
- Cilcwym, País de Gales, en 1940.
- Earl Shilton, Leicestershire, Inglaterra, en 1940.
- Mill End, Hertfordshire, Inglaterra, en 1940.
- Middletown, Ohio, Estados Unidos, 1941.
- Tangmere, West Sussex, Inglaterra, en 1943.
- Chilcombe, Hampshire, Inglaterra, en 1945.
- Angeholm Kristianstands, Suecia, en mayo de 1946.
- Wellspang Schleswig-Holstein, Alemania, en 1946.
- Ivinghoe Aston, Buckinghamshire, Inglaterra, en agosto de 1946.
- Lincolnshire, Inglaterra, en abril de 1947.
- Pilling, Lancashire, Inglaterra, círculo de 45 metros, en junio de 1947 y 1949.
- Lumberton, Carolina del Norte, Estados Unidos, en 1952.
- Quarley, Hampshire, Inglaterra, en 1952.
- Flatwoods, West Virginia, Estados Unidos, el día 12 de septiembre de 1952.
- Redlynch, Somerset, Inglaterra, el día 20 de mayo de 1954.
- Chabeuil Rhone, Alpes, Francia, el día 26 de septiembre de 1954.
- Premanon, Francia, el día 27 de septiembre de 1954.
- St. Souplet, norte de Calais, Francia, el día 2 de octubre de 1954.
- Ronsenac, Francia, el 3 de octubre de 1954.

- Hemmingford, Quebec, Canadá, el 8 de octubre de 1954.
- La Croix Daurade, Francia, el día 12 de octubre de 1954.
- Chabeuil Rhone, Alpes, France, el día 12 de octubre de 1954.
- Boston Creek, Ontario, Canadá, el día 27 de octubre de 1954.
- La Roch-en-Brenil, Francia, el día 5 de noviembre de 1954.
- Vivian, Manitoba, Canadá, en 1954.
- Maize, México, en 1954.
- Odedi Makurdi, Nigeria, en 1954.
- Ridgeway, Ontario, Canadá, el día 21 de junio de 1954.
- Epsom Surrey, Inglaterra, en 1955.
- Warminster, Wiltshire, Inglaterra, en 1955, y 1956.
- Stover, Missouri, Estados Unidos, en 1956.
- Meopham, Kent, Inglaterra, en 1957.
- Point Pleasant, Nueva York, Estados Unidos, el día 19 de septiembre de 1957.
- South Lee, Massachusetts, Estados Unidos, el día 24 de octubre de 1957.
- Dante, Tenesse, Estados Unidos, el día 6 de noviembre de 1957.
- Durrington, Wiltshire, en 1958.
- Nottingham, Notthinghamshire, en 1959.
- Heytesbury, Wiltshire, Inglaterra, en 1959.
- Heytesbury, Wiltshire, en 1959.
- Mickleham Surrey, Inglaterra, en 1959.
- Lohme Scheswig-Holstein, Alemania, en 1959.

Década de los 60

Y llegamos a los años 60, cuando el fenómeno de los círculos del maíz empieza a crecer de manera espectacular. Empiezan a multiplicarse los casos en Inglaterra y otras partes del mundo:

- Minot, Dakota del Norte, Estados Unidos, en 1962.
- Swayfield Bridge, Lincolnshire, Inglaterra, en 1962.
- Wooler, Ontario, Canadá, en 1962.
- Hermitt, California, Estados Unidos, en julio de 1962.
- Berna, Suiza, el 6 de julio de 1963.
- Evenlode, Gloucestershire, Inglaterra, el 3 de junio de 1960.
- Sandling Woods, Kent, Inglaterra, el 23 de noviembre de 1963.
- Epping, Essex, Inglaterra, el 27 de diciembre de 1963.
- Litchfield, Hampshire, Inglaterra, en 1963.
- Southampton, Hampshire, Inglaterra, en 1963.
- Charlton, Wiltshire, Inglaterra, el 12 de julio de 1963.
- Brougham, Escocia, el 18 de marzo de 1964.
- Eastwood, Essex, Inglaterra, en julio de 1964.
- St.Alexis de Montcalm, Quebec, Canadá, el 8 de agosto de 1964.
- Ballantrae, Ontario, Canadá, en 1964.
- Eton Ridge, Australia, en 1964.
- Penrith, Cumbria, Escocia, en 1964.
- Washington State, Estados Unidos, el 12 de enero de 1965
- Lynden, Washington, Estados Unidos, el 13 de enero de 1965.
- Carolina del Norte, Estados Unidos, el 3 de febrero de 1965.

- South Brighton, Nueva Zelanda, el 3 de febrero de 1965.
- Eton Rige, Queensland, Australia, el 24 de mayo de 1965.
- Delroy, Ohio, Estados Unidos, el 28 de junio de 1965.
- Sharon, Ontario, Canadá, el 28 de junio de 1965.
- Valensole, Francia, el 7 de julio de 1965.
- Mont Airy, Carolina del Norte, Estados Unidos, el 20 de agosto de 1965.
- Minot, Dakota del Norte, Estados Unidos, el 13 de octubre de 1965.
- Mere, Wiltshire, Inglaterra, en 1965.
- Willowdale, Nueva Escocia, Canadá, en mayo de 1965.
- Warwickshire, Inglaterra, en mayo de 1965.
- Queensland, Australia, el 1 de febrero de 1966.
- Bankstown, New South Wales, Australia, el 14 de febrero de 1966.
- Brisbane, Queensland, Australia, el 14 de febrero de 1966.
- Dearborne, Michigan, Estados Unidos, el 1 de abril de 1966.
- Burkes, Victoria, Australia, el 4 de abril de 1966.
- Westall, Victoria, Australia, el 6 de abril de 1966.
- Corndale Reed, Australia, el 22 de mayo de 1966.
- Middlebury, Indiana, el 22 de junio de 1966.
- Montsorreau, Francia, el 28 de julio de 1966.
- Springfield, Montana, Estados Unidos, el 1 de agosto de 1966.
- Woodgreen, Hampshire, Inglaterra, el 15 de agosto de 1966.
- Monroe, Oregón, Estados Unidos, el 21 de diciembre de 1966.
- Clayton, Victoria, Australia, en 1966.

- Dover, Kent, Inglaterra, en 1966.
- Island Lake, Manitoba, Canadá, en 1966.
- Sharnbrook, Bedforshire, en 1966.
- Gallipolis, Ohio, Estados Unidos, en noviembre de 1966.
- Cairns, Queensland, Australia, el 25 de abril de 1966, y el mismo día en 1968
- Bowden, Alberta, Canadá, en septiembre de 1967.
- Euramo, Queensland, Australia, el 27 de enero de 1967.
- Chapelle Taillefer, Francia, el 19 de marzo de 1967.
- Harrisbourg, Pennsylvania, Estados Unidos, el 15 de junio de 1967.
- Danbury, Connecticut, Estados Unidos, el 2 de julio de 1967.
- Ithaca, Moor, Estados Unidos, el 20 de octubre de 1967.
- Grattan, Ontario, Canadá, en 1967.
- Nitinat, Canadá, en 1967.
- James River, Alberta, Canadá, en septiembre de 1967.
- Peterborough, Ontario, Canadá, en agosto de 1967.
- St. Stanislas de Kostkas, Quebec, Canadá, el 28 de julio de 1968.
- Anderson, Carolina del Sur, Estados Unidos, en 1968.
- Hill River, Queensland, Australia, el 18 de noviembre de 1968.
- Gallupville, Nueva York, Estados Unidos, el 5 de agosto de 1968.
- Bungawan, Nueva Gales del Sur, Australia, el 4 de abril de 1969.
- Pembroke, Ontario, Canadá, el 11 de mayo de 1969
- Kenora, Ontario, Canadá, el 2 de junio de 1969.
- Ibiuna, Brasil, el 26 de junio de 1969.
- Van Horn, Iowa, Estados Unidos, el 12 de julio de 1969.

- Hamilton, Nueva Zelanda, el 4 de septiembre de 1969.
- Puketutu, Nueva Zelanda, 8 de octubre de 1969.
- Wildwood, Alabama, Estados Unidos, el 27 de octubre de 1969.
- Windsor, Sur de Australia, el 7 de diciembre de 1969.

Años 1970-1995

Desde los años 70, hasta el día de hoy, se han podido contabilizar más de 6.000 figuras en todo el mundo. Imagínese, 6.000 fabulosos dibujos perdidos en medio de remotos campos de trigo y maíz. Con que uno solo de ellos fuese auténtico, ya estaríamos hablando de uno de los acontecimientos más importantes de la historia de la humanidad.

El gran Boom empezó durante la oleada de OVNIS de Warminster, Inglaterra, en la que se dieron cientos de casos de avistamientos de objetos voladores no identificados en otra de esas concentraciones de casos a las que el fenómeno nos tiene acostumbrado. A partir de aquellos incidentes, la información sobre este tema empezó a fluir debido al mayor interés informativo que suscitaba esa zona de Inglaterra. Acababa de encenderse definitivamente la mecha.

El 12 de agosto de 1972, Bryce Bond, investigador local inglés y Arthur Shuttlewood, periodista estadounidense, pudieron presenciar con sus propios ojos la formación, o mejor dicho, el proceso de doblado de las plantas de un campo cerca de Star Hill, en Warminster, en la provincia de Wiltshire. El increíble hecho vino acompañado de un zumbido parecido al que genera un campo eléctrico, ante los ladridos de los perros de las casas aledañas a esos terrenos, los cuales se mostraban nerviosos desde hacía ya unos minutos.

Según sus declaraciones estando de vigía en el campo de trigo: «... de repente escuchamos un sonido. Parecía como si algo hubiese tumbado el trigo. No corría el aire en aquellos momentos. Miramos alrededor. La Luna acababa de aparecer en el cielo, brillando con fuerza. En frente de mis ojos, pude ver una gran huella tomando forma. El trigo estaba siendo tumbado en el sentido de las agujas del reloj». Este fue el primer testimonio oficial de la creación de un *crop circle* sin la acción del hombre. Shuttlewood y Bond pasaron a la historia como los primeros testigos directos del fenómeno que lo vieron con sus propios ojos.

El fenómeno comenzó de manera tenue, y fue evolucionando con el paso del tiempo. Como resumen de los primeros años, les mostraré la opinión del primer experto en el tema de la historia moderna, el ingeniero Colin Andrews, que opinaba así en el documental *El mensaje de las estrellas*, dirigido por Jaime Maussán: «Al principio solo había círculos simples, que poco a poco fueron apareciendo en el sur de Inglaterra hasta 1978. Entonces aparecieron 5 círculos en forma de cruz. Esto marcó el principio de un desarrollo continuo. Los círculos eran trazados con un solo anillo, con dos, o incluso con tres anillos. Aparecieron tres círculos formando un triangulo equilátero. También había algunos que estaban en línea recta. Formaban desde una sencilla cruz, hasta una compleja cruz celtica».

Efectivamente Andrews tenía razón. Existe un desarrollo continuo en el fenómeno, desde las primeras figuras más simples, hasta los diseños más complejos de 1990 en adelante. En los siguientes dibujos podrá observar un esquema de los principales diseños de los años 80 hasta el año 2010. Las primeras son figuras basadas básicamente en circunferencias, líneas y ángulos simples. En cambio, las figuras que se presentan hoy en día son absolutamente espectaculares. Una evolución tan grande que es difícil describirla con palabras.

Cada una de ellas ha sido estudiada tomándola como una imagen con un significado determinado y único, y no son pocos los autores que aseguran que el fenómeno durante las décadas de los 80 y 90, era una muestra de un vocabulario básico de un lenguaje basado en la geometría. ¿A usted qué le inspira contemplar las siguientes imágenes de los primeros diseños?

Bloque 1

Durante los primeros años del fenómeno, los círculos del maíz de Wiltshire comenzaron a mostrar diferentes variaciones en torno a círculos simples, en lo que sería una especie de vocabulario básico basado en la perfección de la circunferencia como eje principal.

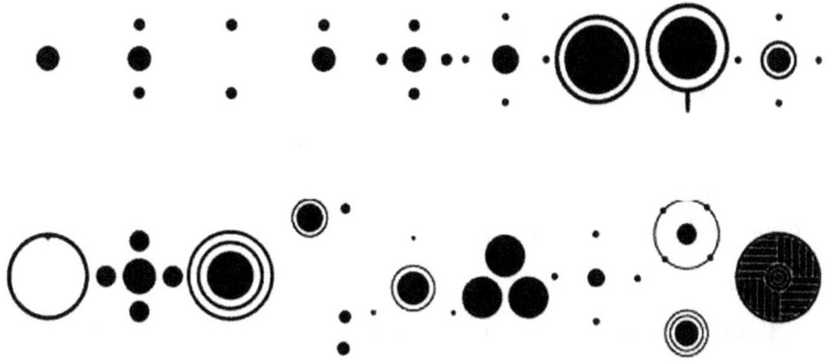

Diagramas: Vicente Fuentes.

Bloque 2

Conforme iban avanzando los años, los círculos empezaban a mostrarse rellenos y vacíos, y apareció un alto número de figuras mostrando círculos concéntricos y círculos unidos entre sí por líneas rectas. Algunos investigadores como «Red Collie», del CMM Research, aseguran que cada una de estas figuras pertenece a esquemas de conjunciones planetarias y mapas de planetas y estrellas, siendo esta una información premonitoria.

Las conjunciones aparecían en los campos, semanas, meses o incluso años antes de que efectivamente se produjeran en nuestro firmamento.

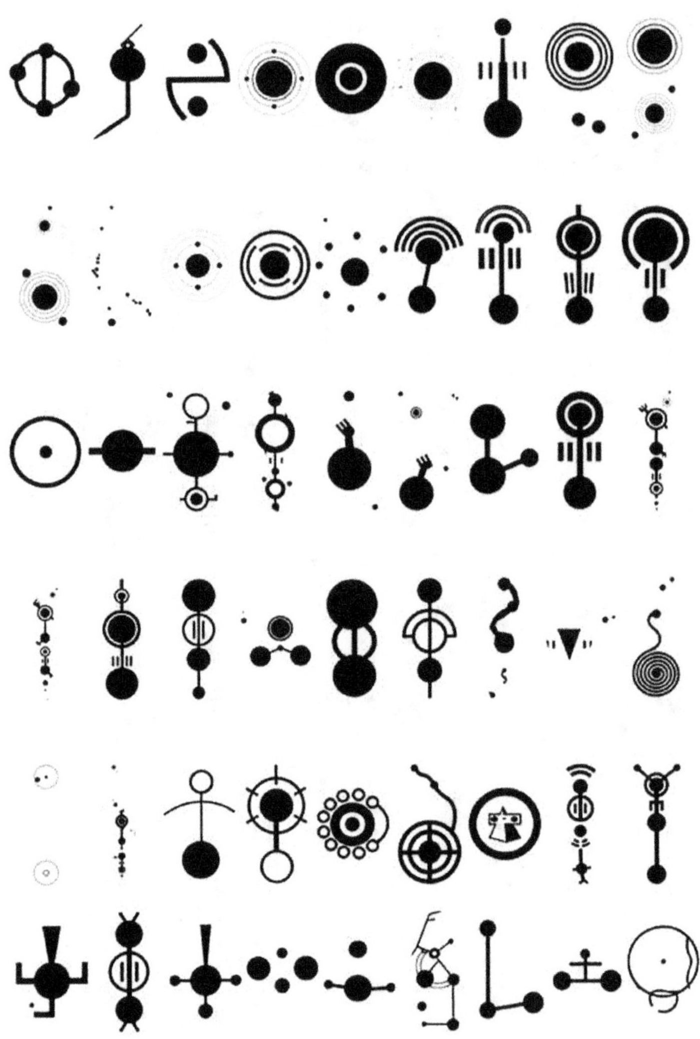

Diagramas: Vicente Fuentes.

Bloque 3

La que podríamos denominar «etapa de los insectos», se caracterizaba por mostrar diferentes diseños simples que parecerían pequeñas antenas. Según muchos investigadores de los círculos del maíz, estos diseños matemáticos eran aplicables a diagramas eléctricos y astronómicos. Distancias de planetas, estrellas y asteroides, y pequeños dispositivos.

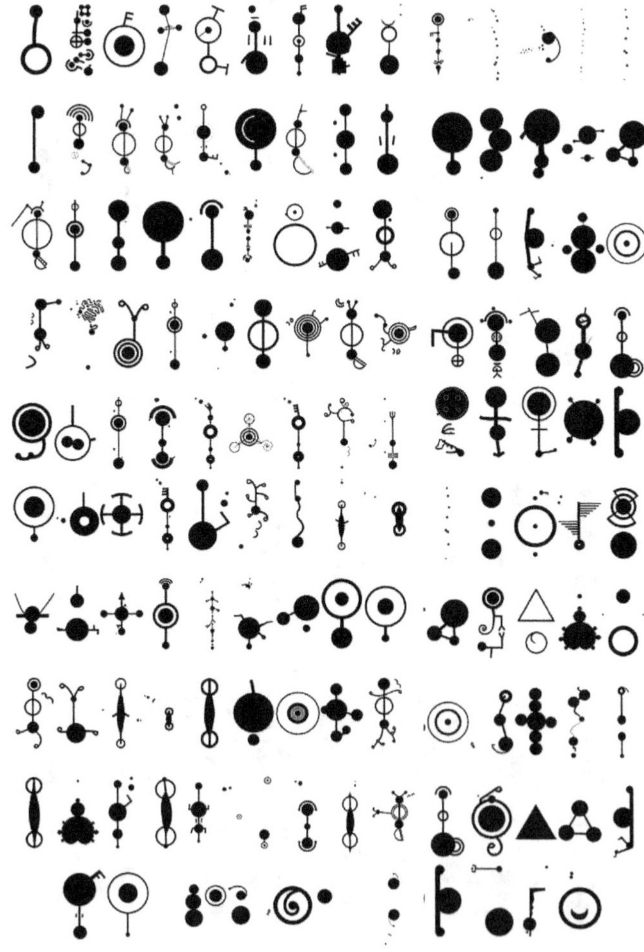

Diagramas: Vicente Fuentes.

Bloque 4

A partir del año 1992, el fenómeno experimenta un grandísimo crecimiento como consecuencia del gran aumento de los casos. Cabe destacar un mayoritario incremento de los tamaños de los mismos, y una complejidad creciente de los diseños. Todo aquello suponía un auténtico reto para los investigadores. El fenómeno iba a más.

Diagramas: Vicente Fuentes.

Bloque 5

También comenzaron a aparecer figuras cuyo interior empezaba a dividirse en diferentes temáticas, desde dibujos de nuestro sistema solar mostrando las posiciones de los planetas en un día especial de nuestro calendario hasta secuencias matemáticas, químicas, y biológicas. Algunas de las figuras tardaron años en decodificarse y algunas de ellas aun siguen siendo investigadas hoy.

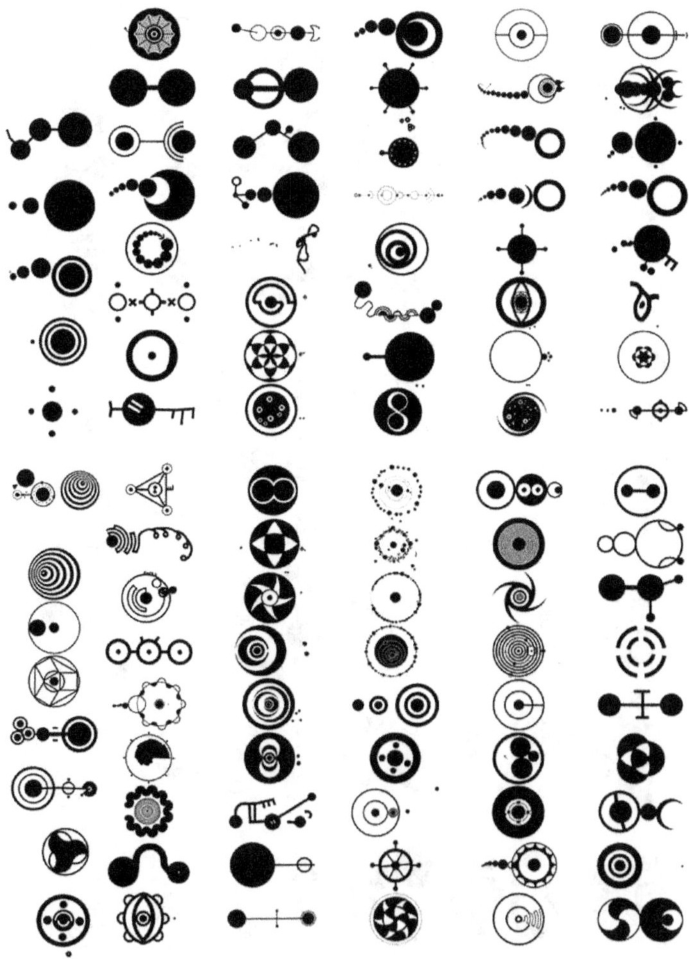

Diagramas: Vicente Fuentes.

Etapa 1995-actualidad

Todos los diagramas son cortesía de *Berthold Zugelder.* *www.cropcircle-archive.com.*

1995. Llegamos al año en el que la evolución comienza a ser más y más pronunciada

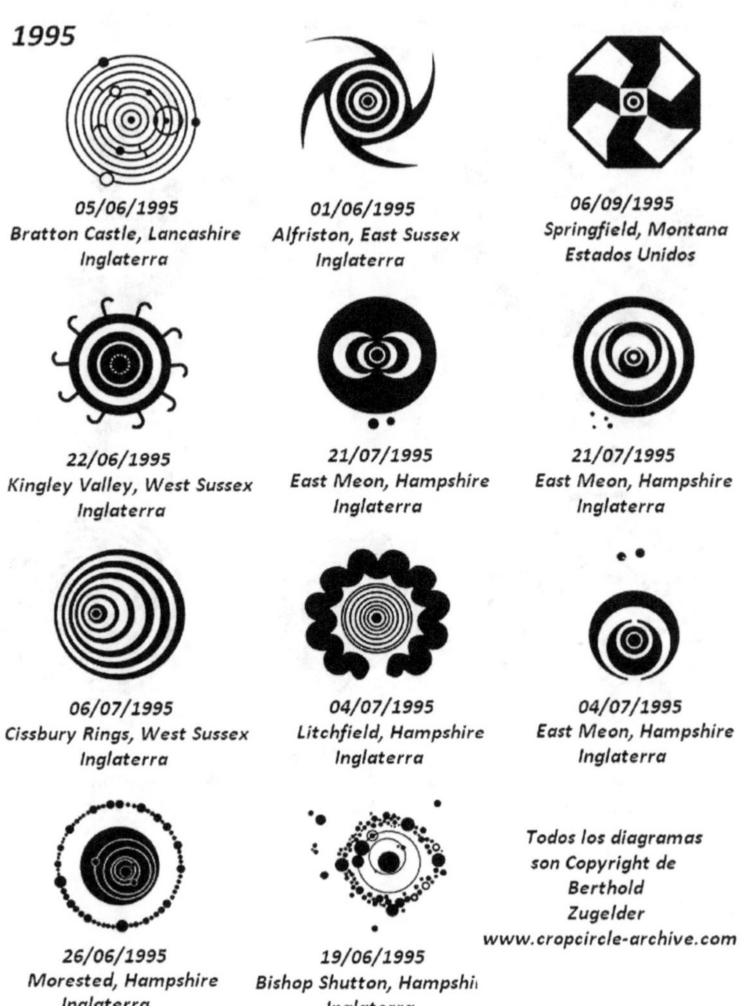

1996. El año de las espirales

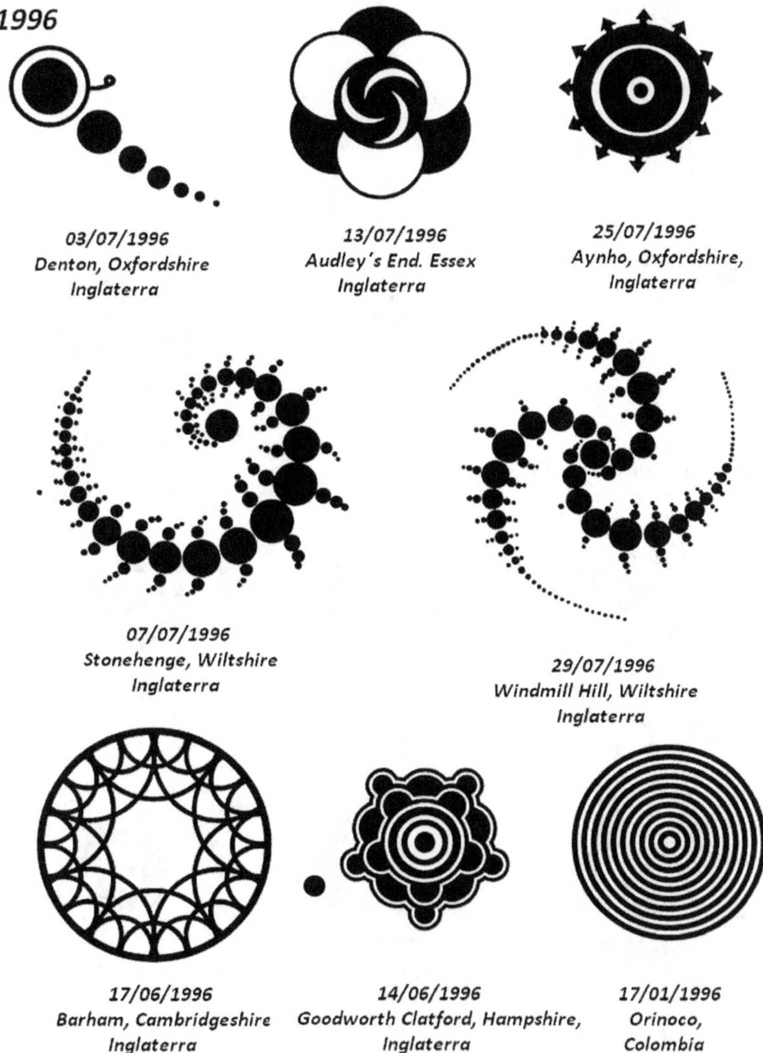

1997. El año de los copos de nieve

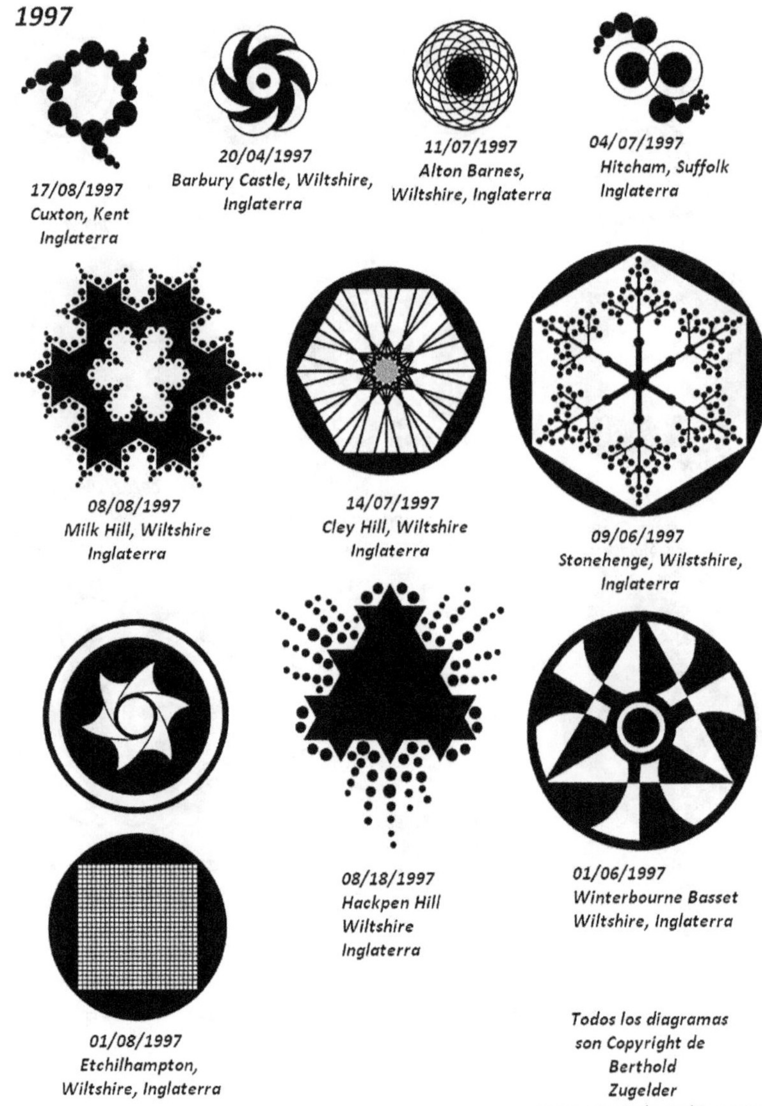

Todos los diagramas son Copyright de Berthold Zugelder www.cropcircle-archive.com

1998. El año del virtuosismo

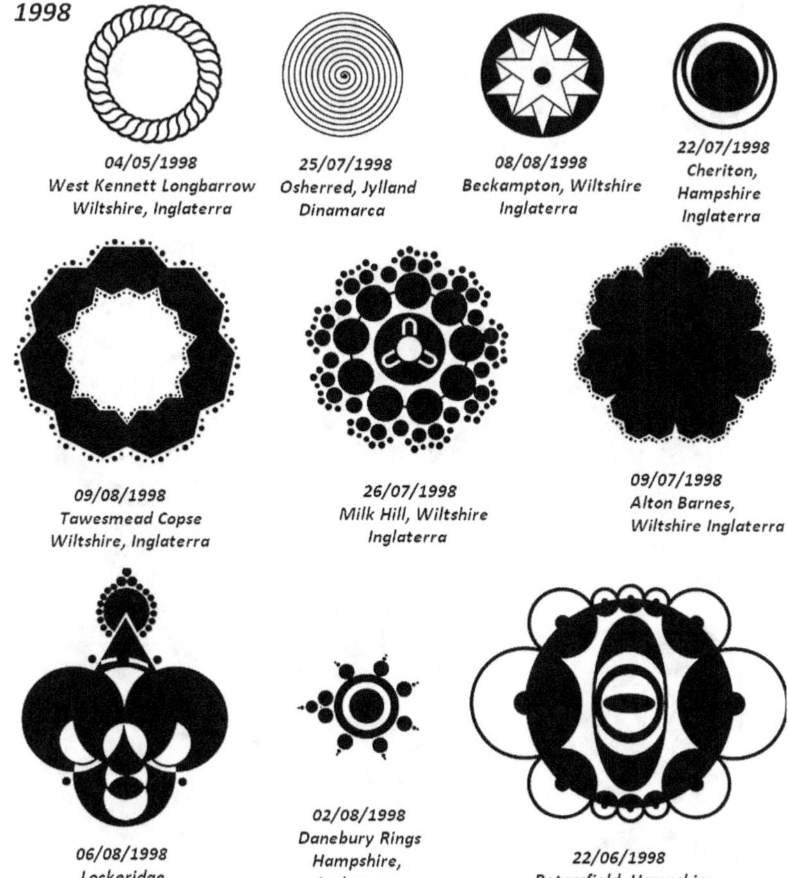

Todos los diagramas son Copyright de Berthold Zugelder. www.cropcircle-archive.com

1999. El año de las tres dimensiones

Todos los diagramas son Copyright de Berthold Zugelder. www.cropcircle-archive.com

2000. El año de la ciencia

2001. El año de las temáticas múltiples

2001

Diagramas Berthold Zugelder (c). www.cropcircle-archive.com

03/06/2001
Wakerley Woods
Barrowden,
NorthamptonShire,
Inglaterra

28/07/2001
Lockeridge,
Wiltshire
Inglaterra

13/08/2001
Milk Hill, Alton Barnes
Wiltshire
Inglaterra

21/06/2001
West Kennett,
Avebury
Inglaterra

05/08/2001
Knap Hill,
Alton Priors
Wiltshire
Inglaterra

09/06/2001
Avebury,
Wiltshire
Inglaterra

12/07/2001
Milk hill, Alton Barnes,
Wiltshire
Inglaterra

25/07/2001
Gog Magog Hills,
Cambrisgeshire
Inglaterra

19/08/2001
Chilbolton, Hampshire
Inglaterra

11/08/2001
Warburg, Nordrhein- Westfalen,
Alemania

2002. El año de las demostraciones

2003. El año de la astronomía y la química

Todos los diagramas son Copyright de Berthold Zugelder. www.cropcircle-archive.com

2004. El año de los mayas

2005. Mayas, egipcios y cometas

2006. El año de los agujeros de gusano

2007. El año de las advertencias

2008. El año del misticismo y el simbolismo

25/08/2008 Alton Barnes, Wiltshire, Inglaterra

31/08/2008
Etchilhampton Hill, Devizes, Wiltshire
Inglaterra

15/08/2008
Etchilhampton Hill, Devizes, Wiltshire
Inglaterra

16/08/2008
Oliver´s Castle, Devizes,
Wiltshire, Inglaterra

01/06/2008
Barbury Castle, Wroughton,
Wiltshire, Inglaterra

07/08/2008
Cherhill, Calne, Wiltshire
Inglaterra

12/08/2008
Cherhill, calne, Wiltshire
Inglaterra

27/07/2008
Martinshell, Oare, Wiltshire,
Inglaterra.

Todos los diagramas son Copyright de Berthold Zugelder. www.cropcircle-archive.com

2008
parte 2

23/06/2008
Secklendof, Niedersachsen
Baja Sajonia, Alemania

08/08/2008
Milk Hill, Alton Barnes, Wiltshire
Inglaterra

22/06/2008 South Field, Alton Priors,
Wiltshire, Inglaterra.

30/06/2008
All Cannings, Devizes,
Wiltshire, Inglaterra

09/06/2008
West Kennet Longbarrow, Avebury,
Wiltshire, Inglaterra

27/07/2008
Wayland Smithy, Ashbury,
Oxfordshire,
Inglaterra

01/07/2008
The sanctuary,
Avebury, Wiltshire
Inglaterra

22/07/2008 parte ampliada
Avebury Manor, Avebury, Wiltshire, Inglaterra

15/06/2008
Chungnam Bouryoung City
Corea del Sur.

2009. El año del Sol

2009

05/07/2009
Silbury Hill, Avebury, Wiltshire
Inglaterra

12/07/2009
Wayland's Smithy,
Long Barrow, Oxfordshire
Inglaterra

10/08/2009
Woodborough Hill, Alton
Barnes, Wiltshire
Inglaterra

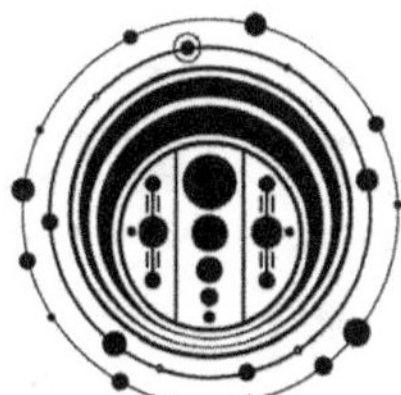

06/08/2009
Windmill Hill, Avebury Trusloe
Wiltshire,
Inglaterra

02/08/2009
Morgan's Hill
Bishop Cannings, Wiltshire
Inglaterra

13/06/2009
Tawsmead Copse
West Stowell, Wiltshire
Inglaterra

24/07/2009
Smeathe's Plantation, Ogbourne
Down Gallop
Wiltshire
Inglaterra

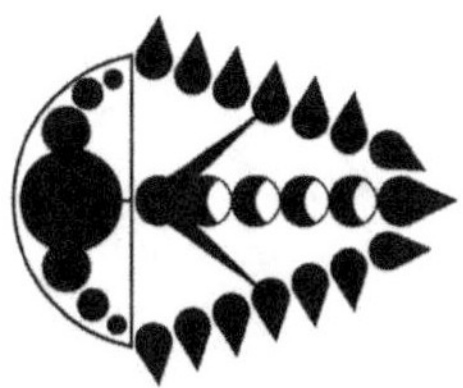

29/07/2009
Ogbourne St Andrew, Marlborough,
Wiltshire
Inglaterra

10/07/2009
Cannings Cross, Allington
Wiltshire
Inglaterra

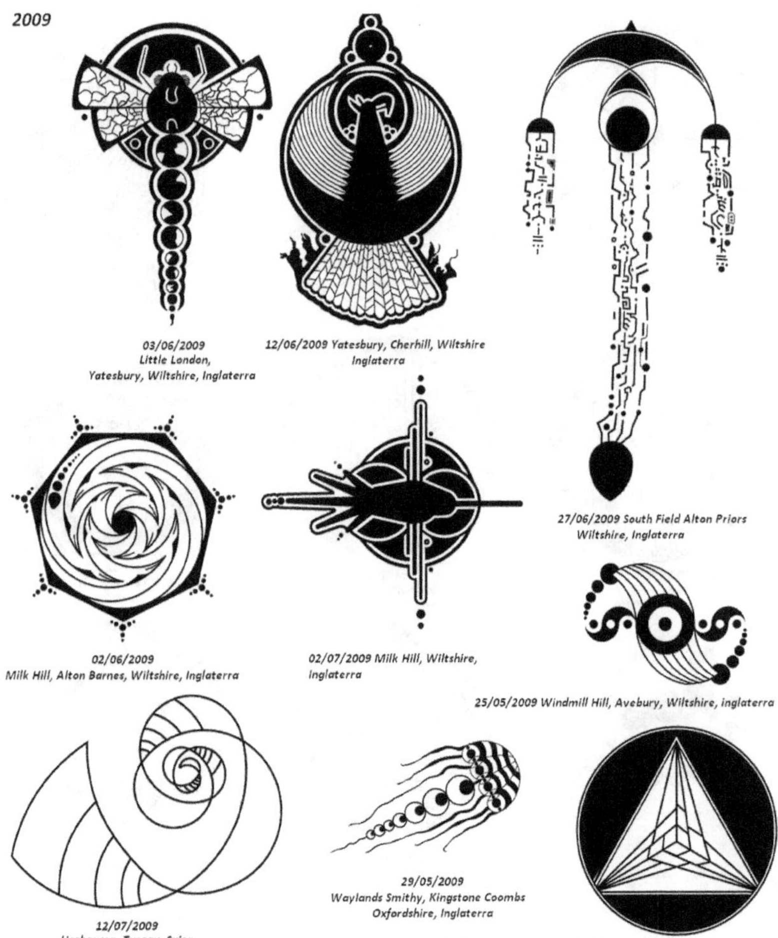
2009
03/06/2009
Little London,
Yatesbury, Wiltshire, Inglaterra
12/06/2009 Yatesbury, Cherhill, Wiltshire
Inglaterra
27/06/2009 South Field Alton Priors
Wiltshire, Inglaterra
02/06/2009
Milk Hill, Alton Barnes, Wiltshire, Inglaterra
02/07/2009 Milk Hill, Wiltshire,
Inglaterra
25/05/2009 Windmill Hill, Avebury, Wiltshire, inglaterra
29/05/2009
Waylands Smithy, Kingstone Coombs
Oxfordshire, Inglaterra
12/07/2009
Horhausen, Turgau, Suiza
09/07/2009 Chesterton Windmill, Warwickshire, inglaterra
Todos los diagramas son Copyright de Berthold Zugelder. www.cropcircle-archive.com

2010. El año de las matemáticas

25/07/2010
Roundway Hill, Devizes, Wiltshire
Inglaterra

13/06/2010
Poirino, Torino, Italia

03/07/2010
St. martin's Chapel, Chisbury
Wiltshire, Inglaterra

25/06/2010
White Sheet Hill, Mere, Wiltshire
Inglaterra

(Ahora, si quiere, gire el libro en cualquier dirección, y vuelva a ver todas las fotografías. Quizá vea usted algo que se le haya pasado por alto. Hay cientos de maneras de ver los círculos del maíz, y todas son válidas).

1.3. Inglaterra, foco de atención

Más del 90% de los círculos aparecidos en el mundo corresponde a las regiones del Sur de Inglaterra, en especial a la provincia de Wiltshire, lugar en el que aparece el 78% de las figuras inglesas.

Sabiendo este porcentaje, hay que decir que el fenómeno se ha desarrollado también en 29 países (Alemania, Italia, Bélgica, Holanda, Suiza, Polonia, Estados Unidos, Canadá, Australia, Corea del Sur, la República Checa, Eslovaquia, Sudáfrica, la India, o Brasil, entre otros). Aun así, podemos decir que el fenómeno se concentra en la campiña inglesa. A estas cuentas, habría que añadir el fenómeno de los círculos que aparecen en el hielo, en regiones de Siberia (Rusia), y la parte Norte de Canadá.

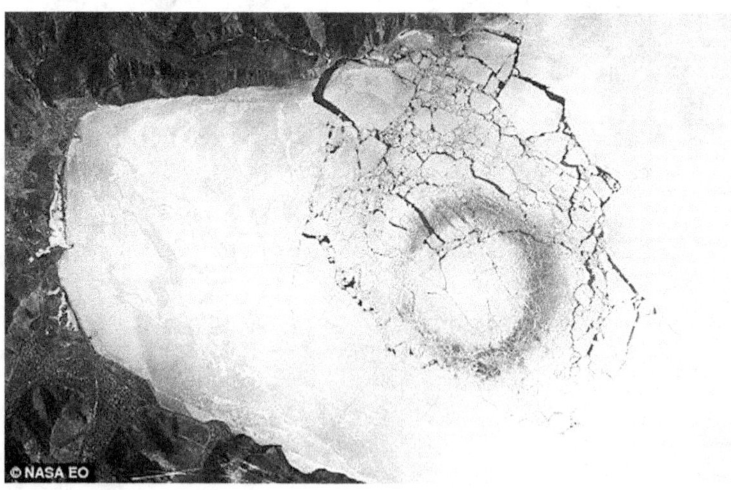

Fotografía vía satélite de los círculos aparecidos en hielo el 20 de abril de 2009 en la región de Slyudyanka, Siberia, en el norte de Rusia, abarcando más de 4,4 kilómetros de diámetro. Foto cortesía de la NASA (http://modis.gsfc.nasa.gov/). La relación de estos círculos con los acontecimientos de los campos de cultivo es actualmente una nueva vía de investigación.

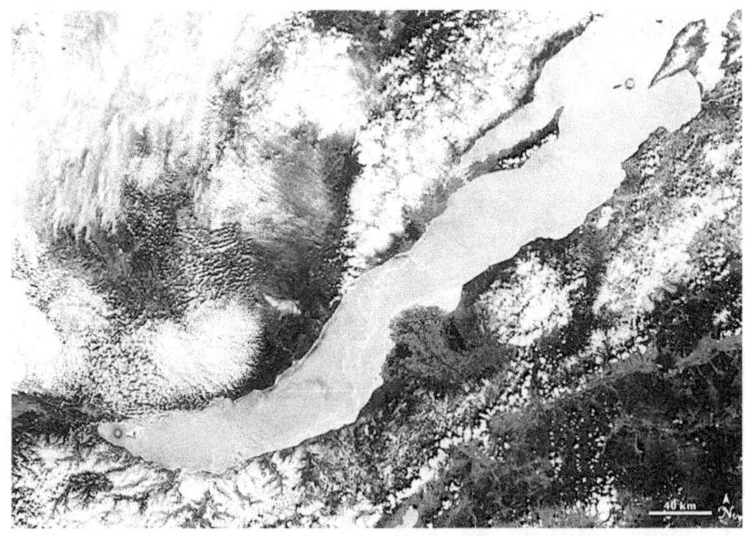

Segunda fotografía de la NASA donde podemos apreciar el descomunal tamaño de los círculos.

En todo caso, en una primera reflexión, es interesante observar las regiones en las que han aparecido las figuras y las regiones no afectadas por este tema. Excluyendo el Reino Unido, foco principal, resulta alta la concentración de casos en Centroeuropa, con unos pocos casos en América del Norte, y con casos esporádicos en Australia, mientras que en las zonas de Asia, y África el porcentaje es prácticamente despreciable.

Aun así, quiero realizar un pequeño apunte: el hecho de que en los países subdesarrollados no exista la información no quiere decir que no se produzcan casos; simplemente puede significar que los reportes nunca llegan a los países ricos. En este sentido, todos los años se perderían figuras por no ser nunca descubiertas o fotografiadas.

En esta, nuestra era de la información, el acceso a internet de los países de las zonas más pobres del mundo es muy limitado, y hay miles de noticias de cualquier índole que nunca salen a luz pública, más aun si son relacionados con el tema del misterio. Los países del tercer mundo están informativamente aislados, y si el fenómeno de los *crop circles* apareciera en esos lugares, éste también estaría aislado. Un ejemplo es lo que ocurre en África donde todos los reportes son de Sudáfrica, casualmente, el país más industrializado de todo el continente.

Por otro lado, en Asia los reportes actuales fotografiados se basan en un solo diseño astronómico aparecido en la industrializada región de Corea del Sur en 2008. Es un solo caso en comparación con los más de 200 casos que aparecen cada año solo en Europa, con lo que si valoramos la situación en general, la conclusión que podemos sacar de todos estos comentarios es que básicamente, el fenómeno es propio del continente europeo, y del norte de América, y la información solo se basa en los países desarrollados.

Como decíamos, situándonos en las Islas Británicas, en Inglaterra el porcentaje de aparición de los círculos del maíz se distribuye de la siguiente manera: 78,13% en el condado de Wiltshire, 15,01% en el condado de Hampshire y 4,18% en el condado de Oxfordshire, siendo un 2,8%, la distribución por otros condados.

Dentro de Wiltshire, resaltan proporcionalmente las localidades de Avebury, Alton Barnes, Beckhampton, y la montaña de Silbury Hill. ¿Y qué tienen esas regiones en común?, se preguntará. ¿Por qué sobre todo allí y no en otro lugar del mundo?

En la provincia de Wiltshire reside el mayor conjunto de monumentos megalíticos del mundo, destacando entre todos, dos focos centrales, el monumento de Stonehenge y el gran círculo de monolitos de Avebury, cerca de la gran montaña artificial de Silbury Hill. Toda la zona donde aparecen los círculos del maíz está plagada de ruinas prehistóricas.

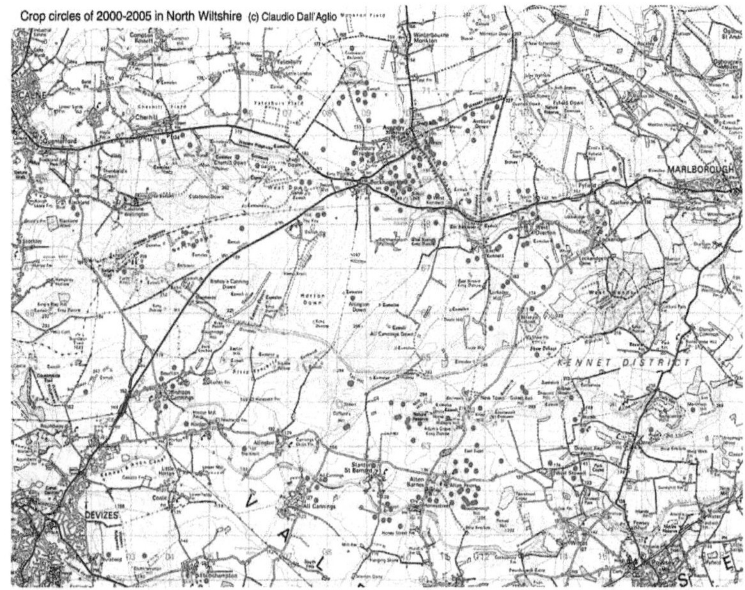

Detalle de la aparición de crop circles en la zona de Avebury entre los años 2000 y 2005. Mapa de Claudio DallÁglio (http://www.galileoparma.it/crop%20circle.html).

Avebury fue construido hace más de 5.000 años, y constaba de un círculo exterior de 108 metros de diámetro que albergaba otros dos círculos internos, todos ellos formados con gigantescas piedras. El posicionamiento de los monolitos denotaba conocimientos astronómicos y matemáticos muy precisos; demasiado precisos para ser solo un centro ceremonial de cultura pagana. Descrito como un lugar mágico y energético en todas las leyendas del Reino Unido, esta gran estructura sigue en pie parcialmente, y los campos aledaños son un foco de aparición de círculos del maíz año a año.

Recreación artística de los círculos de Avebury tal y como eran en la antigüedad. Ilustración cortesía de Rodrigo Yubero. Avebury ha sido considerado desde la antigüedad como un centro energético por las más variadas razones. Sin entrar a razonar la autenticidad de dicha afirmación, lo que sí es cierto es que en los terrenos adyacentes a este complejo megalítico han aparecido círculos del maíz de manera constante.

Uno de los anillos interiores de Avebury en la actualidad. El pueblo de Avebury se ha llegado a integrar literalmente con su entorno prehistórico, en el que se pueden ver mezcladas casas con enormes piedras prehistóricas de hasta seis metros. Foto: Vicente Fuentes.

A muy pocos kilómetros encontramos Silbury Hill, una montaña artificial encuadrada en el mismo entorno de ruinas del neolítico que el complejo de Avebury. Su altura y proporción (40 metros de alto) es comparable a la más pequeña de las pirámides del complejo de Gizá, en Egipto y, según los expertos, el propósito de tamaña construcción no está claro. ¿Para qué construir una gigantesca montaña en medio de los sembrados ingleses hace 5.000 años?

Silbury Hill. Foto: Vicente Fuentes.

El día 12 de julio de 2010 desde una avioneta pude fotografiar este *crop circle* aparecido el 31 de mayo en Silbury Hill. El centro del diseño ha sido parcialmente destruido por los turistas. Foto: Vicente Fuentes.

En Silbury Hill y otros lugares como Milk Hill o Alton Barnes han aparecido los mejores *crop circles* de la historia, como el siguiente, con motivos mayas aparecido en junio de 2009.

Imagen cortesía de Maussán Producciones.

Stonehenge, por su parte, fue una estructura megalítica tipo crómlech construida 3.000 años antes de Cristo, con forma de círculos concéntricos orientados astronómicamente, y constituida por grandes piedras traídas de Gales, las cuales fueron talladas de manera milimétrica con una tecnología extraordinaria.

Entrada de Stonehenge. Ilustración de Rodrigo Yubero.

Recreación de Stonehenge en un mural. Foto: Vicente Fuentes.

Esta simple descripción de Stonehenge esconde numerosos secretos en su construcción y en su utilidad, ya que resulta sorprendente comprobar la cantidad de alineamientos y cálculos matemáticos realizados en su diseño. Estaban pensados con el propósito de hacer coincidir determinados momentos y movimientos del Sol y de la Luna, en relación a la posición y el ángulo de colocación de las piedras.

Aparte de ser el centro social más importante de la prehistoria europea, donde se realizaban ritos religiosos y culturales, esta construcción es un complejo observatorio astronómico de control del tiempo. Desde Stonehenge, se podía controlar el comienzo y el fin de las estaciones siguiendo el movimiento del Sol. Desde los círculos concéntricos se controlaba la salida de la Luna, sus fases, y su influencia en la Tierra. Investigadores de todo el mundo han encontrado similitudes con alineaciones planetarias, como es el caso de Gerald Hawkins, que en 1966 publicó un artículo en la prestigiosa revista *Nature*, en el que se exponían alineaciones con más de 165 cuerpos celestes, incluyendo planetas, conjuntos de estrellas y señalando eclipses de Sol y Luna pasados y futuros. Un completo controlador de la bóveda celeste hecho solo con piedras.

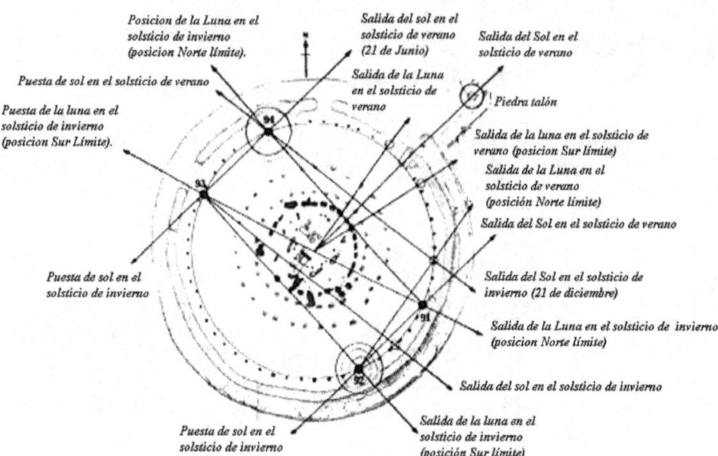

Fotografía histórica del esquema estudiado sobre el simbolismo científico de Stonehenge. Diseño: Vicente Fuentes.

Recreación de un maestro druida, realizando una ceremonia pagana en Stonehenge. Ilustración de Rodrigo Yubero.

Stonehenge es un misterio en sí mismo, y significa algo mucho más profundo a la hora de estudiarlo: ¿cuáles fueron los motivos para erigir semejante observatorio? Sin duda, tener un conocimiento exhaustivo de los cambios de clima y temperatura pudo suponer un avance en materia de agricultura para aquel pueblo. Pero ¿de dónde salió aquel afán de investigación astronómica de un pueblo que se encontraba en la edad de bronce, casi 5.000 años antes de que se estudiaran los planetas en la edad moderna? ¿Por qué ese interés en las constelaciones y en los eclipses?

Y de ahí, ¿por qué esa fijación con el Sol y la Luna? Ahí, posiblemente esté la clave.

Sea cual fuera la intención de los constructores, lo cierto es que la comarca donde se encuadra Stonehenge es la comarca donde milenios después han aparecido mayoritariamente los círculos del maíz año tras año.

Como relatábamos, el fenómeno de los *crop circles* incluye temáticas científicas de todo tipo, y una de las principales (sobre todo en el desarrollo de las figuras de los últimos años), es la descripción de acontecimientos astronómicos que ocurren en un futuro cercano y más en concreto del estudio del movimiento y el estado del Sol y la Luna.

Los reflejos de los rayos solares entran por determinadas piedras en el solsticio de invierno y verano en las ruinas de Stonehenge, al igual que ocurre con el posicionamiento de las pirámides mayas. Un diseño espectacular y realmente complejo para un pueblo que no conocía la rueda. Foto: Vicente Fuentes.

Le pondré un ejemplo actual de esta relación en el que la temática de algunos círculos es igual que la de Stonehenge en referencia a los movimientos de la Luna:

En esta foto puede verse arriba el gran complejo de Stonehenge junto a este descomunal *crop circle* de 250 metros de diámetro apareció el día 9 de mayo de 2010 sobre un campo de trigo aun en etapa de floración. La estructura de su diseño muestra un estudio de las fases de la Luna para este año 2010, y además de eso muestra una característica a todas luces desconcertante. El dibujo está alineado exactamente con el centro de Stonehenge y la distancia entre la esfera grande del centro del diseño y una de las pequeñas es un tercio de la distancia del *crop circle* completo al centro de la estructura de piedras. Stonehenge tiene prohibida la entrada a su interior —al ser un monumento protegido—, por lo que fue completamente necesario realizar los cálculos desde el aire.

Pero no era la primera vez. En 1996 aparecieron los dos siguientes diseños, ambos cerca de los monumentos megalíticos circulares de Avebury y Stonehenge:

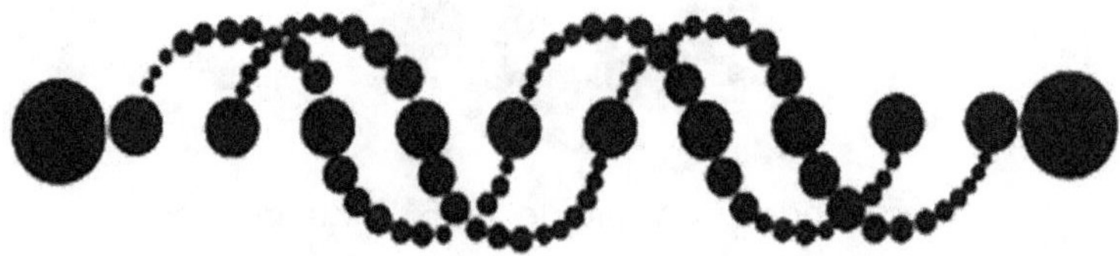

Wiltshire, 17 de junio de 1996. Diagrama: Vicente Fuentes.

A primera vista, se trataba de una cadena de ADN en el que se incluiría el detalle del surco mayor y el surco menor. Por otra parte también parecían representar las funciones matemáticas de seno y coseno.

Como muestra de la ambigüedad de los mensajes, la primera figura también fue identificada como las fases de las lunas con respecto a su movimiento de rotación:

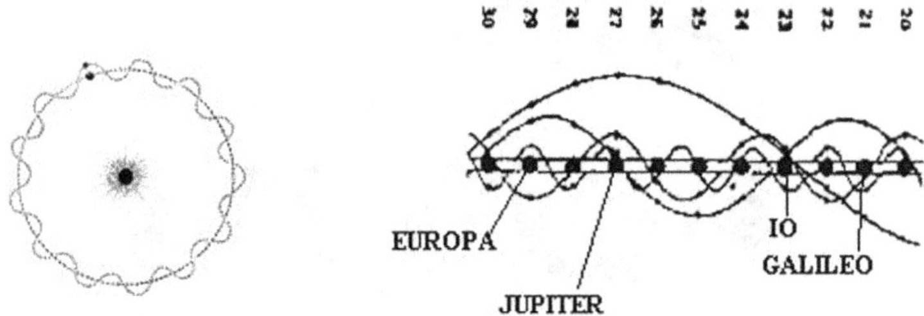

A la izquierda, representación del movimiento de la Luna con respecto a la Tierra y al Sol. A la derecha, representación del movimiento de las principales lunas de Júpiter, ejemplo claro del movimiento elíptico de las lunas cuando se representa sobre una línea recta.

Días más tarde, en un campo cercano a Stonehenge apareció el diseño siguiente:

Stonehenge, 7 de julio de 1996. B. Zuegler (c).

A partir del razonamiento de la órbita de la Luna de los planetas, el investigador Kris Sherwood aseguró que la figura del ADN de junio se relacionaba con la figura de la espiral de julio, porque en realidad eran dos representaciones distintas de lo mismo.

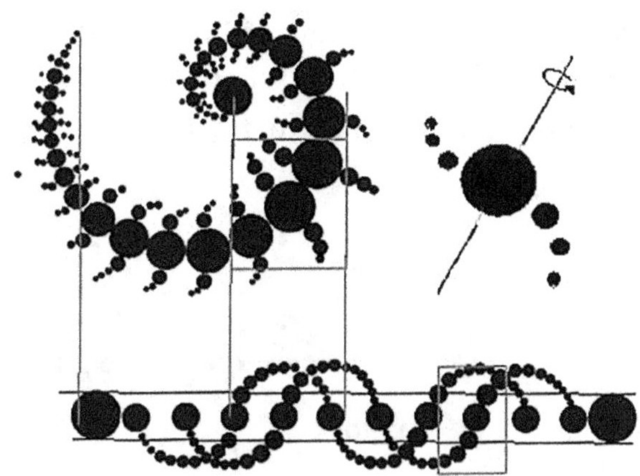

Las dos figuras representaban el paso de la Luna sobre la Tierra y la acción de los eclipses y sus sombras. La genialidad de poner la órbita en base a una espiral en el segundo diseño, ponía una vez más el nivel de dificultad por las nubes.

La conclusión más admitida es que la manera que tiene de comportarse la sombra de un eclipse, con respecto al movimiento de la Luna aparece representada en las dos figuras de la misma manera. Por tanto, en Stonehenge, la temática de los diseños, el territorio, y las formas circulares en el estudio de los astros son las mismas en su concepto que la mayoría de los círculos del maíz.

Juzgue usted mismo qué relación pueden tener estos hechos separados por cinco milenios, porque no parece posible que los diseños aparezcan justo en esa zona por casualidad diciendo lo mismo, es decir, exponiendo el mismo conocimiento científico.

Ese mismo conocimiento pudo verse en más diseños, como el siguiente que le voy a presentar:

Stonehenge 7-7-1996. Diagrama de Berthold Zugelder.

O este otro que le mostraba anteriormente:

Milk Hill, provincia de Wiltshire, Inglaterra, 14 de agosto de 2001. Con 240 metros de punta a punta, en una extensión de 57.600 m^2. Diseño relacionado con las fases de la Luna. Diagrama de Berthold Zugelder.

Este último tenía más de 45.000 metros cuadrados de superficie, lo que lo convierte en uno de los colosos del fenómeno en cuanto a tamaño se refiere; un hito dentro de la historia de los círculos del maíz.

Analicemos la figura unos segundos. Como podrá usted observar, es un diseño muy complejo. Tiene 409 círculos plasmados con armonía en sus trazos, y sin error alguno. Si se fija, existe un orden matemático impuesto por seis secciones (trozos) de circunferencias solapadas entre sí a modo de gajos de naranja. Cada uno de esos seis grandes brazos converge hacia el centro de la figura y está compuesto por círculos.

Esos círculos aumentan y disminuyen en diámetro, de manera que se muestran propiedades de tridimensionalidad. Y es también exactamente la misma forma de los eclipses de las figuras aparecidas en 1996, pero aumentando la escala a seis brazos. ¿Qué tipo de conocimiento hace falta para hacer un estudio detallado del movimiento de la Luna, y plasmarla de esta manera y con ese tamaño en un campo? ¿Podría ser otro complejo calendario de las fases de la Luna? ¿Por qué en esa zona de Inglaterra donde nuestros antepasados estudiaban en las piedras exactamente lo mismo? Sigamos investigando.

Los círculos del maíz pueden verse desde numerosas perspectivas, no solo desde el aire. Hay muchos misterios esperándonos desde diferentes distancias.

1.4. Visualización: escala macroscópica y microscópica

Para estudiar este fenómeno, tenemos cinco posibles puntos de vista:

Nivel cercano

A nivel microscópico podemos apreciar una serie de patrones muy interesantes en los tallos doblados. Aparecen estiramientos, explosiones de savia y hongos. El comportamiento de los tallos de maíz es estudiado en el apartado 2.1.

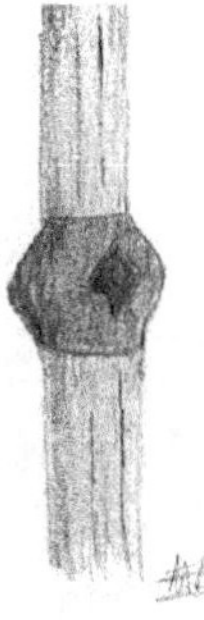

Dibujo que representa exactamente la acción del hongo Ustilago Titrici tras el alargamiento de los nodos. Este hongo se alimenta de la savia que está en contacto con la atmósfera y excreta una sustancia de color negro que se adhiere a la pared de los nodos afectados. Si el hongo aparece justo ahí significa que, en este tipo de planta de maíz, la savia ha salido disparada a través de roturas microscópicas en el nodo, por efecto de un súbito incremento en la temperatura. Dibujo: Vicente Fuentes.

Nivel de suelo

Al llegar a pie a un campo en el que ha aparecido el diseño de un *crop circle* observamos que la forma y el diseño total, junto con su representación tridimensional, son imposibles de apreciar desde el suelo.

Figura aparecida el 31 de mayo de 2010 en Silbury Hill, Wiltshire, de 70 metros de diámetro.

Plano medio

Al ir despegándonos unos pocos metros del suelo, podemos empezar a apreciar la multitud de detalles y la complejidad que tiene el fenómeno, como es el caso siguiente:

Detalle de un círculo de gran complejidad en su diseño, aparecido el 9 de agosto de 2005 en Wayland Smithy, Wiltshire, Inglaterra. Imagen cortesía de Jaime Maussán.

Perspectiva aérea

Es necesario subirse a un avión o a un helicóptero para apreciar la exactitud y el diseño de cada círculo del maíz.

Diseño del círculo aparecido en Fosbury, Wiltshire, el 17 de julio de 2010. Foto: Vicente Fuentes.

Escala satélite

Tal es el tamaño de las figuras que pueden llegar a verse desde el espacio. La proliferación de programas de fotografías vía satélite por internet ha permitido estudiar desde otra perspectiva este fenómeno dando espectaculares resultados.

1.5 Factores que afectan al desarrollo natural del fenómeno

Hablemos brevemente del maíz protagonista de estos diseños, del «papel» sobre el que se imprime cada mensaje circular, y de la influencia que tiene la naturaleza en este fenómeno.

El nombre científico del maíz es Zea Mays; es una planta monoica (de carácter hermafrodita), de floración anual, de la familia de las gramíneas, y de tallos altos y rectos. Con una altura máxima de entre 2 y 2,5 metros según la variedad, necesita climas húmedos y templados para su crecimiento.

En los países en los que el fenómeno de los círculos aparece, se dan ciertas circunstancias que favorecen el crecimiento de esta planta. Las variables determinantes son tiempo de exposición de luz, humedad y temperatura.

Tiempo de exposición de luz y humedad

Según los trabajos del departamento de estudio sobre el clima que realizó la Universidad de Illinois, en Estados Unidos, en 2005, se puede demostrar la relación «horas de luz/latitud/crecimiento del maíz». Estudiando el caso de Inglaterra, y si fijamos nuestro centro de operaciones en Wiltshire, a 52 grados norte de latitud, la latitud de esa región se encuentra en un emplazamiento propicio para cultivar sembrados que requieran de abundantes horas de luz en verano.

A partir del mes de aparición de los primeros círculos (día 93 ó 94 del año, es decir, a comienzos del mes de abril), y hasta finales de verano, e incluso septiembre (día 270), las plantas reciben mayor cantidad de luz del sol en Inglaterra y Centroeuropa que en los países situados más al sur de esas latitudes.

Otra variable sería la humedad, que en Inglaterra y Centroeuropa supera el 75% durante todo el año, condición propicia para el crecimiento del maíz.

El fenómeno, por tanto, podríamos afirmar que se acota en regiones determinadas de la Tierra teniendo como referentes la humedad y las horas de luz.

Temperatura

Por otro lado la influencia de la temperatura no se ha visto reflejada en los círculos del maíz de manera clara hasta este año 2009. Vamos a ver porqué el factor de la temperatura del planeta Tierra es tan vital para este fenómeno:

Planteamos esta cuestión, basándonos en un mundo que funciona gracias a los combustibles fósiles (generación de electricidad por combustión de carbón y fuelóleo en las centrales térmicas, y gasolinas en nuestros coches). Como habrá podido observar, el clima de nuestro planeta está cambiando. La parte de la Tierra donde nosotros vivimos, la biosfera —y por tanto, las ciudades de nuestro mundo—, se ha calentado. Existen alteraciones en las precipitaciones, en el nivel de calidad del aire, y en el agujero de la capa de ozono, que han sido investigados por científicos de todo el mundo. Las estaciones de primavera y otoño están desapareciendo, para alargar el verano y el invierno.

El número de terremotos, ciclones, tornados y tsunamis está en aumento cada año, en número y magnitud. Y las cosechas se adelantan. Existen objetivamente muchos factores que indican que algo está cambiando en nuestro clima.

Que se adelanten las cosechas es algo que afecta a los círculos del maíz, ya que éstos también se adelantan con ellos. La aparición de *crop circles* está amoldándose a lo que nuestra especie está haciendo con el mundo. Van a la par.

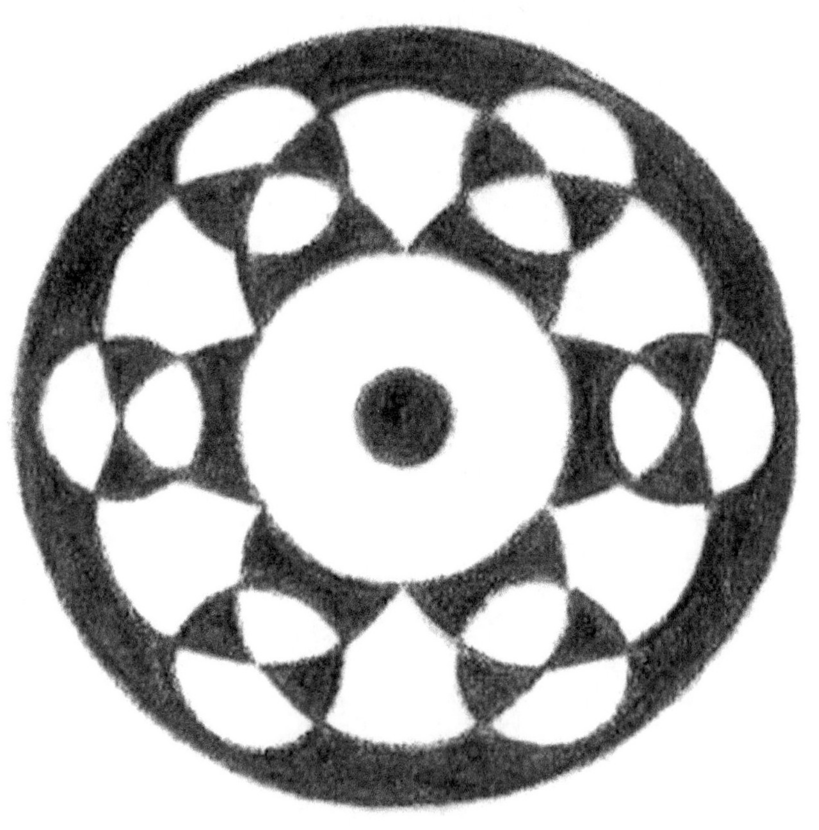

Capítulo 2
¿POR QUÉ EL SER HUMANO NO PUEDE HACER LOS AUTÉNTICOS CÍRCULOS DEL MAÍZ?

A lo largo de este segundo capítulo del libro observaremos qué tienen de especial estos diseños y por qué sus características hacen descartar la autoría humana.

Vamos a partir de la base de que para hacer un diseño tan exacto como los que estamos viendo, es necesario poder corregir, y tumbar las plantas de manera exacta durante su construcción.

Esto es una tarea muy difícil cuando el 98% de los casos aparecen durante la madrugada, y ni siquiera se dispone de focos para alumbrar el resultado. Se cuentan por miles los testimonios de propietarios de campos que aseguran que ninguna persona se coló en sus terrenos durante la noche de la formación de la figura. Sin focos de iluminación. Sin bromistas. En la siguiente comparación nos enfrentaremos cara a cara con las figuras fraudulentas.

2.1. Comparación de figuras verdaderas y falsas

Aunque este proceso siga una evolución preciosa y en ocasiones desconcertante, existen algunos resortes conspiranoicos que intentan ocultar estos hechos desde el principio del fenómeno.

El 11 de agosto de 1991 apareció el diseño auténtico de una espiral de Mandelbrot, representación de la esencia de la teoría del caos. Sobre este diseño se descubrió que seguía el desarrollo de la matemática más compleja existente: la base de los conjuntos fractales, unas figuras que se repiten una y otra vez hasta el infinito.

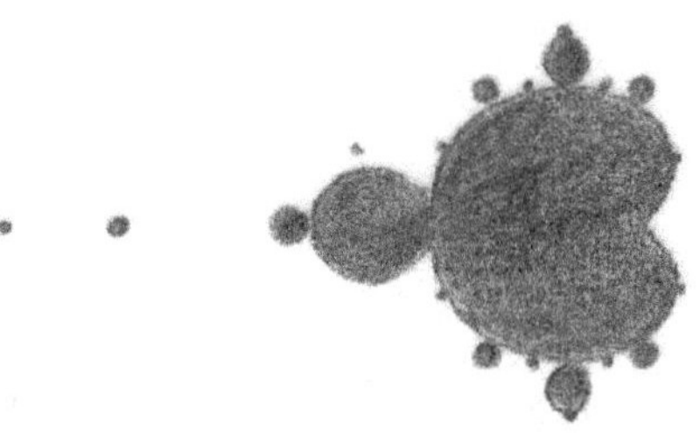

Diagrama del diseño real aparecido en Ickleton, en la provincia de Cambridgeshire, Inglaterra, el 11 de agosto de 1991. Midió 69 metros de largo por 48 de ancho. Diagrama: Vicente Fuentes.

Estamos hablando de una representación en maíz con coordenadas que solo pudieron representarse por primera vez en el año 1982 por medio de ordenadores. Con esto, cabe preguntarse, ¿cómo es posible plasmar en el maíz las ideas de la matemática ilustrada más difícil existente?

Pero, sobre todo, ¿para qué? Ninguna campaña de publicidad, grupo de científicos o aficionados han reivindicado esta o ninguna otra figura compleja en nombre de la ciencia.

Siendo realistas, no parece muy posible realizar una figura fractal de Mandelbrot a mano alzada o con palos y cuerdas, y sin luz. Este *crop circle* es un compendio de conocimientos científicos extenso y sobre todo, exactos, cuyo único sentido es el de expresar una idea matemática. La teoría del caos expresada en una curva, solo al alcance de la comprensión de las mentes más privilegiadas de la comunidad científica.

En resumen, el matemático francés Benoit Mandelbrot es un mito sobre cómo el ser humano ha logrado descubrir los límites de las matemáticas plasmadas gráficamente, y esta figura representa exactamente sus curvas con la misma inclinación, arco, ángulos, y proporciones. Este mundo de funciones imposibles, impreso para resaltar la idea del infinito en los números imaginarios, se torna una odisea con respecto a la comprensión de su propio significado dentro del fenómeno.

El Fraude de Doug y Dave

Ante la creciente expectación en el Reino Unido, alcanzada por el extraordinario diseño de Mandelbrot, dos agricultores británicos llamados Doug Bower y Dave Chorley, los famosos «Doug y Dave», saltaban a la actualidad pública proclamando que ellos eran los que realizaban todos los círculos del maíz.

En una demostración sonrojante, estos agricultores aseguraban haber realizado el fraude en la confección de todas las figuras aparecidas hasta entonces con unas sencillas herramientas de granja. Aquellos agricultores aseguraban haber realizado ellos solos los círculos, pero lo cierto es que jamás pudieron demostrar cómo realizaban los diseños en comarcas separadas entre sí, y no solo eso, sino en otras partes de Inglaterra, en otros países de Europa, y en otros países del mundo, el mismo día.

Evidentemente Doug y Dave no tenían acceso a todos los campos y no les podía dar tiempo a realizar todos los diseños, algunos de unas dimensiones y complejidad extremas. Ellos en su demostración solo realizaron un círculo simple muy pequeño, y sin exactitud. Tenía errores por todos los sitios.

Los medios de comunicación sin realizar una comparativa con los círculos auténticos, dieron por buena esa información y desprestigiaron rápidamente el fenómeno tachándolo de bizarro y falso. El tratamiento dado a aquella información fue rápido, muy rápido. Demasiado rápido. Con el ánimo de ensalzar el excentricismo de estos dos simpáticos ancianos, los medios de comunicación ingleses se lanzaron —sin preocuparse por contrastar la información—, a atacar al fenómeno, y a decir que el enigma estaba resuelto. Todo tratado de manera sensacionalista.

El polémico reportaje fue publicado en el periódico inglés *Today* el día 9 de septiembre de 1991. Cuando el mundo comenzaba a enfocar su atención a los sembradíos ingleses tras la aparición del *crop circle* «Mandelbrot», oportunamente, aparecieron estos dos ancianos cuyo testimonio fue tomado como la verdad absoluta sin ningún tipo de objetividad científica ni periodística. Los medios de comunicación ingleses dieron por buenas las afirmaciones de Doug y Dave, pero cuando años más tarde, y ante las pruebas en su contra, estos campesinos admitieron al equipo de investigadores dirigido por Pat Delgado que ellos no habían podido hacer todas las figuras, los tabloides ingleses guardaron silencio.

No hubo pesquisas, no hubo preguntas a los investigadores, y no apareció en ningún lado la comparación de las figuras reales con los fraudes de Doug y Dave, que aquí sí vamos a hacer. Los fraudes se caracterizan por un trazo inconexo, mal definido, sin tridimensionalidad y sin complejidad.

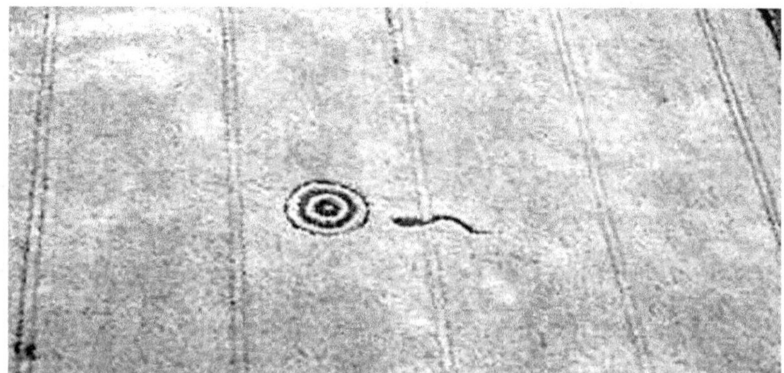

Observe con detalle la inexactitud del fraude. Si se fija en cada uno de los senderos, la figura es muy pequeña e inexacta. Por otra parte, la sensación de tridimensionalidad solo aparece en los verdaderos diseños. *Crop circle* FALSO aparecido en abril de 2010. Foto: Vicente Fuentes.

Decida usted mismo si hay maneras de distinguir los falsos diseños (todas las plantas de los círculos falsos están rotas) de los auténticos mostrados anteriormente. El resultado es infame. Plantas del círculo fraudulento de Madrid de 2008. Foto: Vicente Fuentes.

El acabado de los *crop circles* fraudulentos difiere en gran medida del de los auténticos. Las plantas están mal dispuestas, desordenadas, y rotas. Por otra parte las curvas y las líneas no siguen patrones de ordenación. Todo es caótico en estos *crop circles*. En la imagen, el *crop circle* fraudulento de Madrid. Foto: Vicente Fuentes.

Llegados a este punto vamos a hacer una comparación aérea. Primero les voy a enseñar este diseño de círculos FALSOS realizados por el hombre.

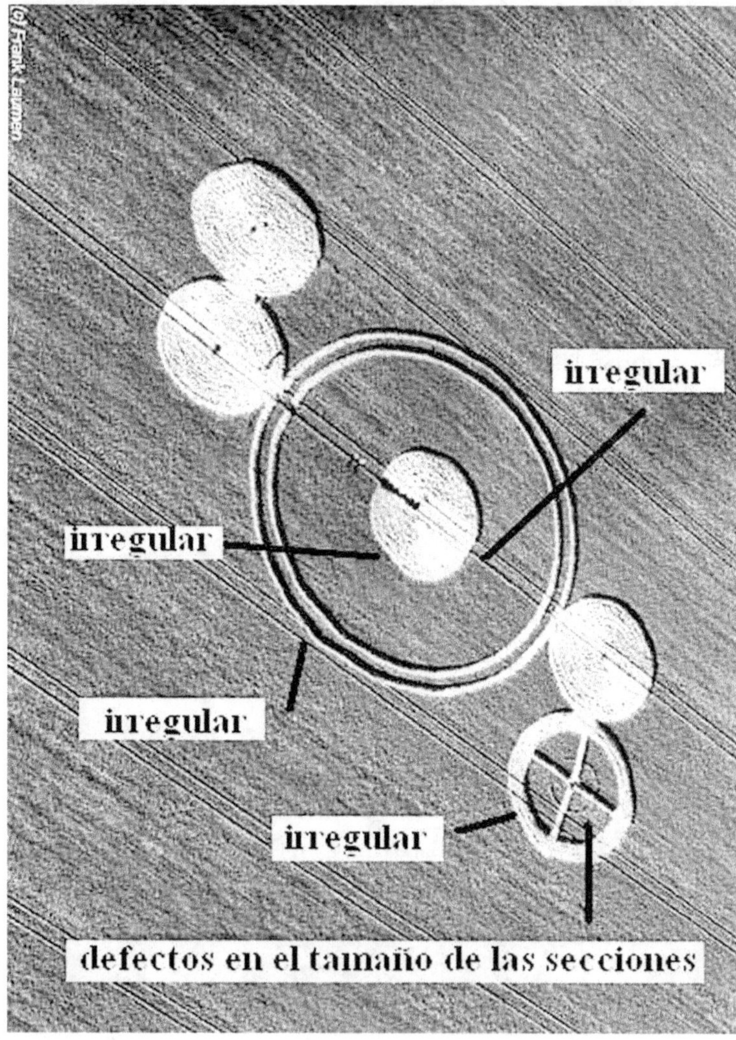

Crop circle aparecido en Windmill Hill, Wiltshire, Inglaterra, el 7 de agosto de 2000. Intentando emular, quizá por motivos puramente lúdicos, a los auténticos colosos de las cosechas, los resultados de un análisis a simple vista, y sin profundizar mucho, delatan el fraude. Sin complejidad, y lleno de errores. Veredicto: FALSO.

Ahora vamos a ver otro círculo del maíz:

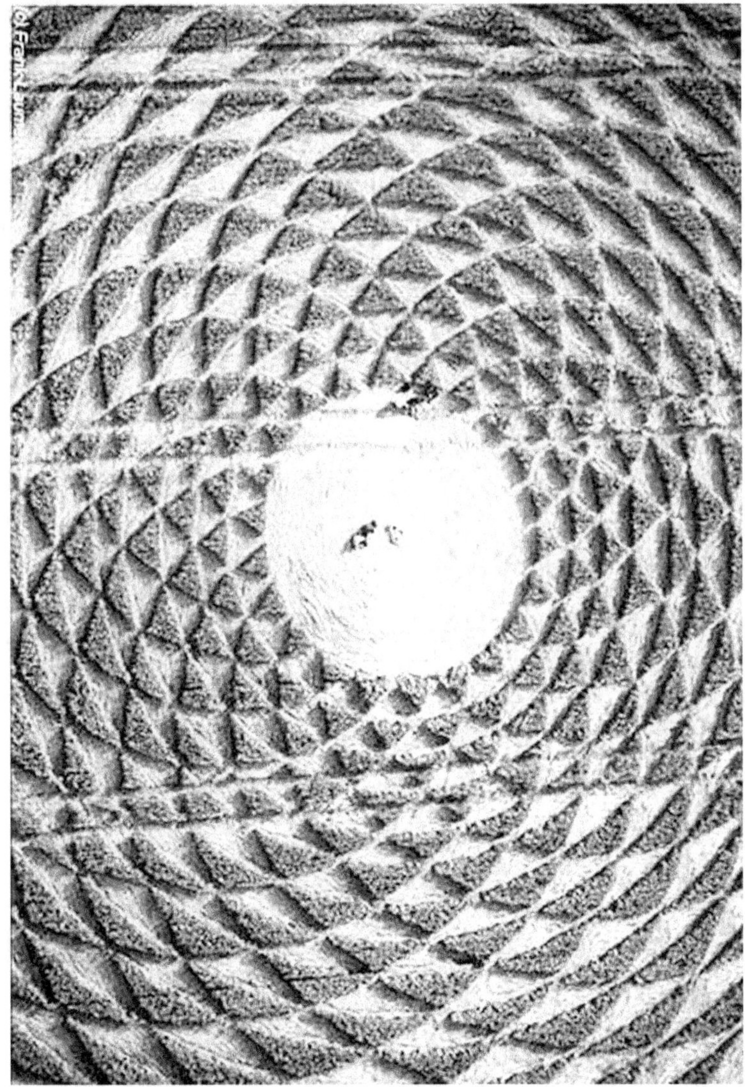

Detalle del *crop circle* aparecido el día 13 de agosto de 2000, en Woodborough Hill, Wiltshire, Inglaterra. La forma de las curvas es logarítmica, una propiedad matemática extremadamente difícil de plantear en papel. La proporción de la curva también depende del número phi (fi, ϕ), a razón del número 1/ ϕ. Ni un solo fallo. Fotografía realizada por Frank Laumen. Veredicto: VERDADERO.

Por tanto, no parece que a los bromistas se les dé bien hacer elipses, ni círculos, ni tres dimensiones. Sus medidas no son equidistantes, tienen imperfecciones, son generalmente muy pequeños, y no tienen el acabado de los auténticos.

Esta serie de errores en cadena presentados en los círculos falsos no producen la sensación de armonía matemática ordenada de los auténticos círculos. Habiendo cientos de motivos para contrastar la información, el tema cayó en el olvido informativo, y se perdió diez años con respecto al interés de la opinión pública.

Sin duda, aquel incidente con actores campesinos y medios afines a una versión oficial prefabricada quedó como un borrón dentro de la historia periodística del fenómeno.

Me gustaría preguntarle, amigo lector, dónde está la belleza en estos fraudes.

Obviando detalles como la falta de pisadas, o que están realizadas sin una sola corrección, si tenemos en cuenta que para realizar un círculo, o una elipse en el maíz deberíamos disponer de compases del tamaño de grúas de construcción, sin dejar ni una sola huella en el terreno, esta teoría de la realización por parte de seres humanos se diluye como un colorante en un vaso de agua.

Usted debe sacar su conclusión. ¿Quién está interesado en ocultar estos hechos? ¿Por qué se le niega el reconocimiento a este fenómeno? Y es más, ¿por qué se cerró a nivel informativo este asunto aun teniendo argumentos imposibles de rebatir? ¿Acaso no hay suficientes indicios como para pensar en que este fenómeno puede ser real?

Existe objetivamente una relación de los llamados OVNI (objetos voladores no identificados) con el fenómeno de los *crop circles*. Ahí puede estar la razón de todo este problema del fraude, en el que estos dos ancianos hacían su papel en una obra de teatro teledirigida. No es la primera vez que se silencia informativamente un asunto de este tipo. No es la primera vez que la palabra «OVNI» suscita temores y rechazo en los medios de comunicación, y este tema, aun siendo más puro, también está afectado por esta política contra los temas del gran misterio que engloba a estas siglas.

2.2. Efectos presentados en los campos de cultivo

Vamos a explicar porqué las figuras no pueden ser hechas por la mano humana, por medio de un accesible estudio científicos sobre las plantas afectadas. La investigación de los círculos del maíz normalmente se inicia cuando un agricultor a primera hora de la mañana, reporta a las autoridades que durante la noche y sin marcas de ningún tipo en su propiedad, se ha realizado una modificación anormal en una parte de sus terrenos.

Los análisis realizados en los años 90 por la facultad de Biofísica de Michigan afirman que en el fenómeno existen una serie de patrones demostrables, y que se repiten en la mayoría de las espigas situadas dentro de los círculos del maíz. El estudio incluía muestras de 250 diseños diferentes aparecidos por países de todo el mundo.

Al igual que hacía Plot en el siglo XVII, en estos modernos estudios se comparaban plantas del interior del círculo —tomadas a distintas longitudes del centro de la figura—, con plantas del exterior del círculo. Esto se hacía en la dirección de los cuatro puntos cardinales, para obtener un mayor control de los mismos.

Les presento los principales fenómenos que acompañan a un auténtico *crop circle*:

- Ensanchamiento y alargamiento anormal de la pared celular de la membrana que recubre y protege a la semilla.
- Alargamiento lateral y longitudinal de los nodos de hasta un 172%, causado por las energías de formación.

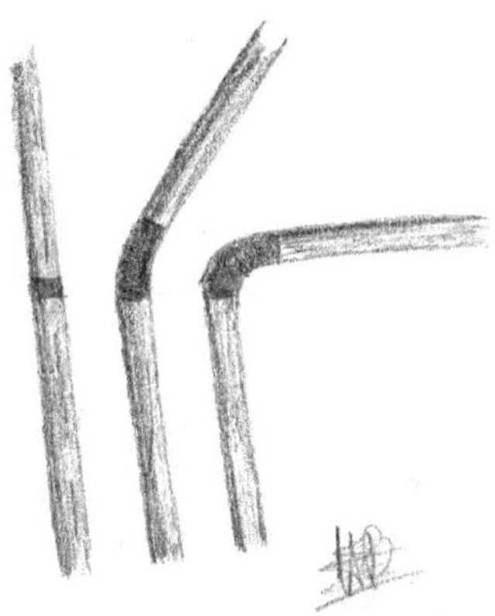

La conclusión fue la siguiente: los nódulos de los tallos que estaban dentro del círculo presentaban una longitud mayor que los nódulos de los tallos que estaban fuera de él. Dibujo: Vicente Fuentes.

La curvatura se presenta sobre todo en los nodos inferiores, aunque también se ha llegado a ver en el nódulo superior, en algún caso aislado.

- Existen nodos que se doblan sin alargarse formando ángulos de hasta 90º.

  Esta propiedad aparece diferenciada del fototropismo (tendencia natural de la planta a girar su estructura para encontrar más luz), y del gravitropismo (tendencia a orientarse a sí misma según el campo magnético de la Tierra.
- Existen cavidades de expulsión.

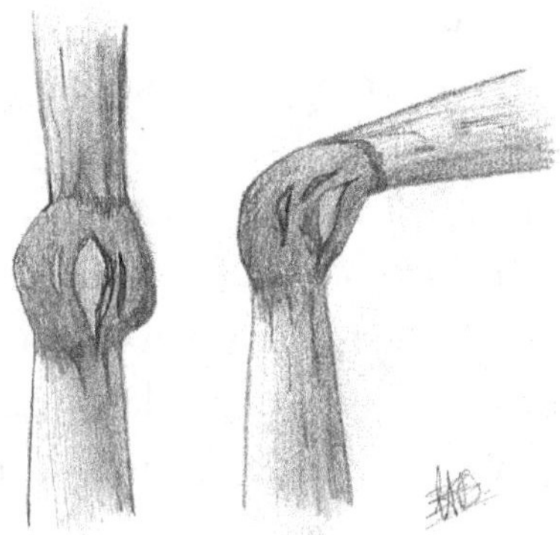

Se ha reportado la formación de agujeros de diámetros muy pequeños con restos de savia y hierro condensado, y se ha determinado que la savia del tallo es expuesta —durante un corto espacio de tiempo— a una temperatura muy alta, similar a lo que nuestra ciencia denomina «radiación». Como consecuencia de esa energía, esa savia se había evaporado. Dibujo: Vicente Fuentes.

Al modificarse la temperatura y la presión del interior de la planta, se produce un fenómeno de evaporación: se forma un frente de vapor de savia que asciende y busca una salida por toda la longitud del tallo.

Esto, debido a la tensión que recorre el tallo, forma nuevos nódulos y alarga los que ya existen, produciendo tensiones y microexplosiones dentro de las plantas, por donde sale parte del frente de vapor de savia.

Es tal la cantidad de energía suministrada que incluso se han tenido reportes de campesinos ingleses que aseguran haber visto vapor ascendiendo de un *crop circle* recién hecho, tal y como veíamos en una fotografía anterior realizada por Denny Clarke en 1995.

Y ese hecho, dado que las plantas analizadas eran de la misma especie, y que no había ninguna condición ambiental ni de terreno, que produjesen tal alteración por sí mismos, solo ofrece una única conclusión: la alteración de la planta se realiza artificialmente, **a nivel bioquímico** alterando las condiciones iniciales y normales del desarrollo vegetal natural.

La carga por centímetro cuadrado a la que se somete la planta durante la formación del *crop circle* es altísima, pero lo cierto es que la modificación no daña para siempre a la espiga de maíz. Y esto es curioso porque **las modificaciones nunca llegan a la altura límite del tallo**, a partir de la cual la planta se daña, deja de crecer, y muere.

Tras el círculo, las plantas seguirán creciendo y no se verán afectadas. A la inteligencia que está detrás del fenómeno no se le escapó el detalle de respetar el valor límite vital sobre el tallo en el que escribe su mensaje. Un nodo alargado un poco más abajo, y la planta moriría. Pero no, **la distancia a la que aparecen los nodos es la mínima para que la planta siga viva tras verse expuesta a esa energía.** Una característica increíble a todas luces, en un hecho que se repite en las figuras auténticas.

- Formación de microesferas de óxidos de hierro fundido sobre los nódulos y los agujeros.

Se determinó que era debido a la fusión del hierro presente en la savia (con una concentración del 12 %). Recreación: Vicente Fuentes.

Su geometría esférica indica que la energía que afecta a las plantas ha sido orientada magnéticamente, y de hecho, se han detectado emisiones de microondas de baja frecuencia dentro de los círculos.

Cabe destacar las investigaciones con respecto al magnetismo. Existe un incremento en el campo magnético de los terrenos situados dentro del círculo con respecto a los que se sitúan fuera. Las brújulas dentro de los círculos del maíz en ocasiones se vuelven literalmente «locas».

También se han encontrado cambios en la estructura cristalina, y en la composición mineral de las tierras afectadas, algunos de ellos con necesidades caloríficas de 1.500 grados como mínimo, y se han reportado la presencia de sustancias gelatinosas, cuya composición en laboratorio se ha determinado como inexistente en la Tierra según aseguraba Colin Andrews, experto en el tema de los *crop circles*, afincado en Inglaterra.

Adicionalmente se han reportado microresiduos sulfurosos blancos en los suelos, diferentes de los fertilizantes tradicionales. Esos microresiduos estarían ahí debido a que el punto de fusión del azufre de la Tierra, coincidirían con la temperatura alcanzada dentro del terreno en el momento de la formación de la figura.

Todos estos hechos anormales que acompañan a los círculos auténticos, nos indican la extraordinaria tecnología que sería necesaria para modificar el terreno para realizar los dibujos. Nos referimos a energía calorífica y magnética, donde el fraude es imposible de realizar por aficionados o bromistas.

Efectos en las personas

Contrariamente a lo que pueda pensarse sobre la existencia de testigos en el momento de la formación de un *crop circle*, existen cientos de casos estudiados de personas que aseguran haber presenciado los mismos acontecimientos que Bond y Shuttlewood en 1972.

Es imprescindible destacar que, nada más llegar a un círculo del maíz auténtico, cada persona percibe una sensación determinada. Algunos se sienten bien, y otros mal; pero sobre todo se percibe una sensación de armonía. Estamos ante algo perfecto, y no estamos acostumbrados a acercarnos tanto a la perfección.

Algunas personas perciben sonidos de mediana frecuencia si acercan los oídos a la superficie donde fue plasmada la figura. Estos sonidos se asemejan al zumbido de una abeja o una avispa, y han sido analizadas en laboratorio por el ingeniero e investigador Colin Andrews, determinando que el hecho es único en la historia de la botánica, ya que la región de Wilshire no es una zona geológicamente activa, motivo por el cual sí se podrían llegar a escuchar sonidos de la propia Tierra. Andrews aseguraba que esa frecuencia de sonido era un remanente de la energía utilizada en la formación del *crop circle*. Una reminiscencia. Una señal de su paso.

Con respecto a las sensaciones, se sabe que los campos eléctricos y magnéticos alterados pueden interactuar con las longitudes de onda cerebrales. La alteración del biorritmo de las personas sería una consecuencia de ese hecho y de ahí la sensación de encontrarse bien o mal. Además esto explicaría también por que los animales no pisan nunca las figuras.

Según Colin Andrews, los cuerpos humanos somos eléctricamente activos (¿nunca les ha dado un calambre al tocar una persona, o una prenda de lana, o una televisión?), y al estar dentro de un círculo del maíz, el cuerpo percibiría esta energía que ha formado esos círculos y la transformaría a nivel cerebral en diferentes sensaciones, o estados de alteración.

2.3. Características matemáticas más importantes

Vamos a presentar en este capítulo, cinco grandes hitos matemáticos de la historia del fenómeno. Explicaremos de manera sencilla la dificultad extrema que conllevaría el mero hecho de diseñar estas figuras en el papel, y su imposibilidad de ser trasladadas sin error a un campo de maíz a gran escala.

Espirales logarítmicas

Diseño aparecido en Horhausen, Turgau, Suiza en 2009. Diagrama de B. Zugelder. www.cropcircle-archive.com

Realizar por ordenador las curvas de este diseño ha sido un reto absoluto para los investigadores de los *crop circles*. Su complejidad, exactitud, y los cálculos necesarios para hacer este dibujo hacen de este *crop circle* una muestra más de que este tipo de cálculos son imposibles de reproducir en extensiones del tamaño de campos de futbol.

2.3.1. Una pirámide desde arriba

Diseño aparecido en agosto del año 2000 en Windmill Hill, Wiltshire. Diagrama de Berthold Zugelder. www.cropcircle-archive.com

La representación tridimensional de una pirámide cuadriculada vista en perspectiva de planta. Cada uno de los rectángulos está calculado al milímetro para que la figura no se desajuste en su paso a las tres dimensiones. Un auténtico hito dentro del estudio de los *crop circles*.

2.3.2. Los mil triángulos

Diseño aparecido en Burham, Wiltshire, Inglaterra, el 12 de julio de 2003. Diagrama de Berthold Zugelder.

Aquí tenemos una representación de triángulos solapados. Tenemos triángulos isósceles y triángulos equiláteros, con distinto grosor para dar imagen de profundidad. ¿Se imaginan lo que puede ser calcular la altura, la mediana, los ángulos, las bisectrices y las mediatrices de todos estos triángulos para obtener este resultado?

2.3.3. La hipérbola representada en los círculos del maíz

Diseño aparecido en Blowingstone Hill, en la provincia de Uffinton, Oxfordshire (Inglaterra), el 6 de agosto de 2006. Midió más de 100 metros de diámetro. Diagrama de Berthold Zugelder©. www.cropcircle-archive.com

Esta bella figura apareció en el mes de agosto de 2006, y se caracteriza principalmente por mostrar una ecuación compleja dentro de unas coordenadas que no se corresponden con los ejes cartesianos normales. Le explico: en este caso, el método de representación es fascinante porque se basa en tres ejes con una separación de 120º; una vista en perspectiva isométrica pura. ¿Y qué hay representados en esos tres ejes? Tres hipérbolas dobles. La dificultad sería la siguiente: el planteamiento de plasmar una sola hipérbola en una hoja de papel supondría ya un conocimiento científico elevado. Y entonces ¿qué podemos pensar sobre plasmar seis de estas hipérbolas en el maíz, a gran escala, con una malla cuadriculada, y usando otra perspectiva? ¿Cree usted que sería fácil hacer esto y luego unir sus puntos sin error, para hacer una cuadrícula exacta de más de 100 metros y sin luz? No parece más que una locura, el solo planteamiento sin error de un diseño así, sin un ordenador, y con unas pautas matemáticas extremadamente difíciles de comprender. Por eso, la situación planteada en esta figura nos lleva una vez más al absurdo: ¿un diseño maquiavélico perfecto en medio del campo? No, aún podía ser más difícil. El diseño expone esa cuadrícula en la que algunas casillas están coloreadas y otras no. Esto forma una malla de la siguiente manera:

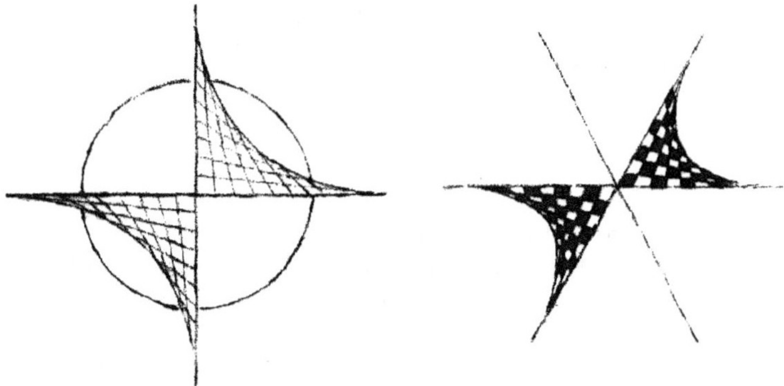

Diseño realizado por ordenador de hipérbolas simétricas cuadriculadas con respecto a sus ejes axiales e isométricos con la malla de cuadros en blanco y negro. Seis de estas hipérbolas aparecieron realizadas sin ningún error sobre el maíz en una extensión de 130 metros. Diagramas: Vicente Fuentes.

Para realizar por la noche este diseño, y no equivocarse ni una sola vez en el tumbado de ninguno de los cuadros, necesitaríamos la ayuda de una visión vía satélite que controlase nuestros movimientos en tiempo real. Por supuesto los bromistas, no tienen capacidad de controlar a un equipo de personas vía satélite para corregir cada hipérbola cuadriculada, tal y como se ha demostrado en las figuras fraudulentas a lo largo de los años.

2.3.4. La parábola a la enésima potencia representada en un círculo de las cosechas

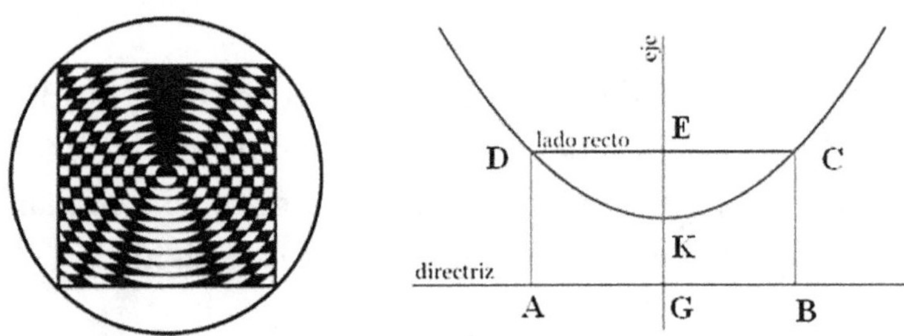

Diseño aparecido en Aldbourne, Wiltshire, Inglaterra, el 24 de julio de 2005. Su diámetro está estimado en más de 85 metros. Diagrama B. Zugelder. www.cropcircle-archive.com / Vicente Fuentes.

Esta es la forma más sencilla de representar una parábola. Para realizar el esquema necesario para confeccionar este *crop circle*, habría que multiplicar este trabajo por cincuenta. De nuevo una figura compleja en forma de ecuaciones matemáticas apareció en esta cuadrícula del año 2005. Una sucesión espectacular de parábolas realizadas con simetría al mismo punto de origen.

2.3.5. Un precioso campo eléctrico

Imaginemos que tenemos en la mano dos imanes. Cuando los acercamos podemos notar como la interacción entre ellos produce una fuerza que determina su movimiento. A veces se juntan, y otras se repelen.

Este fundamento es la base del campo eléctrico, y es un ejemplo de «acción a distancia» semejante a la que realizan los planetas con las estrellas. Lo que resalta a simple vista de este diseño son los dos puntos de fuga, dos zonas, que tiene la figura en el centro. Uno a la izquierda y el otro a la derecha, lo que ha sido identificado con dos polos, uno positivo y otro negativo.

Este mensaje de un campo magnético, o de un dipolo eléctrico, entra dentro de la lógica del compendio de enciclopedia científica que se nos brinda a la hora de contemplar todas las imágenes de los *crop circles*, ya que este diseño es la base

Figura aparecida en Knoll Down, en Avebury Trusloe en la provincia de Wiltshire (Inglaterra) el 22 de julio de 2002. Midió más de 150 m. Diagrama de B. Zugelder. www.cropcircle-archive.com

para la comprensión de todo el proceso de creación de la energía eléctrica.

Si identificamos esos dos puntos de fuga como cargas eléctricas, tenemos exactamente el mismo esquema que tendría un campo eléctrico, pero metido genialmente en una circunferencia, exactamente la misma representación de los polos de la Tierra.

Y de nuevo, la figura está cuadriculada siguiendo unas pautas de geometría de construcción —con parábolas que se cortan con circunferencias concéntricas dejando unas partes en blanco (las impares) y otras en blanco (las pares)—.

Sin duda cada persona puede tener su idea de lo que ocurre en Inglaterra, y de lo que significa cada diseño, pero el análisis de estas figuras nos plantea el escenario de la complejidad extrema. Esa misma complejidad que expresa sensaciones ante la contemplación de cada uno de los círculos. Directamente hacia cada persona, cada uno implica, como decíamos, un mensaje y una reacción por parte del que lo ve.

Sin luz, sin guía visual desde arriba. Estos colosos aparecen de la noche a la mañana sin que nadie levante la mano para decir que ha sido él quien lo ha hecho. Nadie sale, ¿por qué nadie de nosotros los hace? Sigamos en este viaje matemático, con los juegos visuales. ¿Qué efectos producen en el ojo humano algunas figuras?

2.3.6. Engañando al ojo humano: profundidad de campo

Observen con detenimiento el siguiente diseño:

Diseño aparecido en Knoll Down, Wiltshire, el 28 de junio de 2009. Diagrama de Fan Yeh Pak.

Nos encontramos con un extraño dibujo con simbología nuclear que apareció para sorpresa de los investigadores en junio de 2009. No era la primera vez que aparecía una mención a la energía nuclear en la historia del fenómeno, pero si era la más explícita. El símbolo era claro y rotundo.

La particularidad es que si se fijan, podemos ver dos planos bien diferenciados, ambos representando símbolos nucleares. Le propongo un juego: ¿puede fijarse en uno solo de los planos?

Existe profundidad de campo en esta figura, y que sea el símbolo nuclear no es casualidad, como no lo es nada de este fenómeno. La importancia de la tridimensionalidad concebida por la inteligencia que está detrás de estos diseños no es casual cuando el motivo es nuestro símbolo de energía nuclear.

Es su papel interpretar este diseño. ¿Es una advertencia?, ¿una forma de representar y resaltar una forma de energía? ¿Es una crítica a nuestro comportamiento con respecto a este tema? ¿Por qué en el año 2009?

Sigamos en este viaje matemático.

2.3.7. Los círculos mellizos

Y llegamos al último punto, quizá un punto polémico por las connotaciones sociales que tiene, pero que tiene que aparecer en este capítulo por ser una autentica hazaña matemática. Estos dos círculos aparecieron el 30 de julio de 2010. Parecía un mensaje, o un código. Las primeras investigaciones apuntaban a que había que juntar ambos diseños para concebir la figura completa.

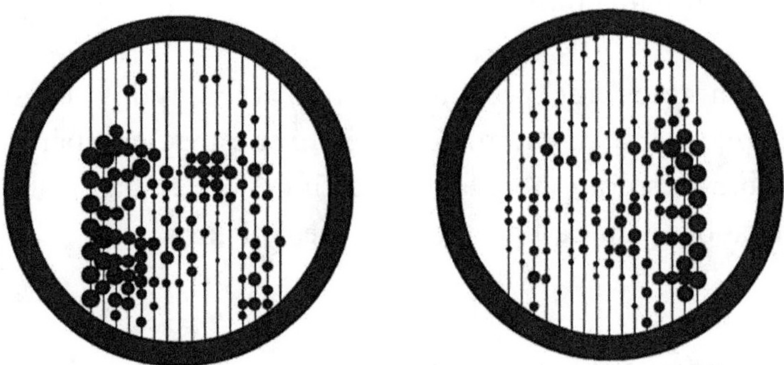

Estos dos *crop circles* aparecieron al norte y al sur de la carretera M4, a la altura de Wickam Green, cerca de Hungerford, Berkshire, Inglaterra. Más de 120 m de diámetro cada uno. Diagrama de B. Zugelder. www.cropcircle-archive.com

Las primeras iteraciones daban resultados inconcluyentes, y entonces se decidió realizar un invertido de la figura Sur, juntar ambos diseños y difuminarlos. El resultado fue el siguiente:

Asombroso. Era el rostro de un ser humano. ¿Qué tipo de mente genial sería capaz de concebir algo tan retorcido y a la vez bello? ¿Qué significa esto? Y de hecho, una pregunta aún más importante: ¿quién es ese ser humano?

Las respuestas deben empezar a plantearse a lo largo de los años, cuando este tema salga finalmente de la cueva informativa, cuando los científicos del mundo empiecen a plantearse este tema sin reticencias, cuando todos se den cuenta de la imposibilidad de fraude, cuando la ciencia de verdad crea que existe una realidad con respecto a este fenómeno que no puede considerarse una tontería.

Vayamos en el próximo capítulo al fondo de la cuestión más importante del libro... ¿Quién hace esto? Acompáñenme a un breve estudio sobre las explicaciones que se han realizado hasta ahora para explicar estos acontecimientos.

2.4. Teorías del fenómeno

Durante el transcurso de los últimos años, numerosas teorías han sido confeccionadas para dar una explicación de estos acontecimientos. Vamos a repasar una por una todas las teorías relacionadas con este tema, excluyendo la teoría de un fraude general:

Formación de círculos del maíz por acción de tornados y ciclones

Resulta curioso pensar en que alguien pueda achacar este fenómeno al paso de un tornado por las laderas de Inglaterra dejando solo la marca de los círculos, y un cero por ciento de destrucción a su alrededor.

Inglaterra tiene un porcentaje de aparición de tornados muy inferior con respecto a países que sí presentan habitualmente este fenómeno meteorológico. Este dato refleja que no hay relación alguna entre la aparición de los círculos del maíz y la aparición de tornados.

Si esta teoría fuese cierta, la huella que dejaría el tornado, no produciría ni caos, ni destrucción, ni desorden a su paso. Sería la primera vez en la historia del clima de la Tierra, que se produjera este hecho.

Cuando un tornado toca suelo, la fuerza de succión no solo arrancaría la mitad de los tallos de las plantas afectadas sino que además su recorrido nunca sería estable. Estos hechos chocan radicalmente con la realidad del fenómeno de los círculos de las cosechas.

Por tanto, no tenemos ni reportes de destrucción, ni avisos de remolinos por parte de los agricultores de los campos afectados, ni vacas volando por los aires de la campiña inglesa. La vida sigue tal y como estaba en los condados afectados por los *crop circles* sin atisbo alguno de aparición de ningún fenómeno meteorológico extremo.

Formación de los círculos del maíz por acción de las fuerzas telúricas de la Tierra

Los famosos lugares de poder. Existe una leyenda en Gran Bretaña que dataría del tiempo de los druidas en la que se expondría al planeta Tierra como una entidad por sí misma; como un ente energético que tendría vida y conciencia propia. Posiblemente los druidas tomasen esas teorías de contactos con otras culturas aun más antiguas, ya que sus fundamentos ya fueron utilizados en Egipto y Mesopotamia hace más de 8.000 años. La religión druídica creía que existían algunos sitios espirituales por donde podría salir la energía de la Tierra, la cual fluiría tal y como fluye la sangre en un sistema de venas y arterias. Una especie de sistema circulatorio de energía que abarcaría todo el planeta, y que tendría algunas salidas al exterior en algunos lugares concretos de la Tierra: las famosas «líneas Ley». Algunas de las localizaciones por las que pasarían esas líneas serían el complejo de Glastonbury, el propio Stonehenge, la catedral de Rennes-le-Château, tan de moda en estos días por el éxito del libro *El código Da Vinci*, las pirámides de Egipto, las líneas de Nazca en Perú, o el monasterio del Escorial, en Madrid. Lugares marcados, cuyas construcciones no eran casuales, ya que se creía que en esos lugares brotaba un flujo de energía interno que conseguiría dotar de vida y poder a las construcciones construidas encima (sobre las superficies de esos puntos exactos del mapa). Siguiendo un instinto primario, los arquitectos de las religiones de todo el planeta habrían intentado construir sus templos sobre lo que ellos creían que era el terreno sobre el que pasaban esas líneas de vida. Un terreno perfecto para la espiritualidad y la fertilidad, símbolo de vida y poder. Estando relacionado Stonehenge con toda esta corriente de pensamiento, llegamos a una situación en la cual debemos preguntarnos lo siguiente: ¿por qué entonces no aparecen círculos del maíz cerca de los campos de cosechas cercanos al monasterio del Escorial, en los campos de Francia, o en Egipto? ¿Por qué aparecen los círculos del maíz en regiones por donde no pasa ninguna de estas líneas, como por ejemplo el caso de Corea del Sur?

Lo cierto es que sí existe al menos una conexión entre los círculos del maíz, y un lugar marcado por esta teoría, muy específico en la Tierra, es la región de Nazca. En el siglo I d.C. en Perú surgió una cultura que expuso sus conocimientos astronómicos sobre el suelo a modo de kilométricas líneas rectas perfectas que cruzaban desiertos y valles Figuras y dibujos que solo podían verse desde el aire. Esta cultura sabía que aquel emplazamiento era un lugar energético, y resulta cuanto menos curioso el hecho de que lo habrían hecho de esta manera, siguiendo los mismos fundamentos en la construcción de sus figuras que los druidas de Inglaterra al construir Stonehenge, sin conocerse entre sí.

Los dibujos de Nazca, según la investigadora María Reiche, que ha dedicado más de treinta años a su estudio, realmente planteaban dos vertientes. La primera, un mapa estelar de constelaciones, cuyos dibujos representaban grupos de estrellas en el cielo. Un gigantesco calendario o zodiaco científico de todas las constelaciones que se pueden ver desde el hemisferio Sur.

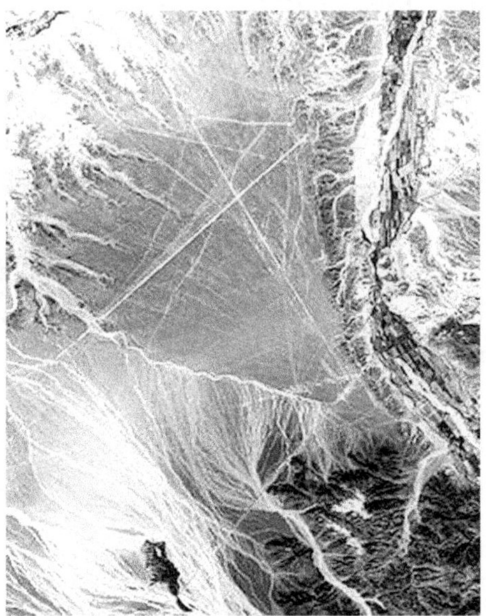

Fotografía de las líneas de nazca vía Satélite. Observe la extensión de las líneas, completamente rectas y sin error. Esta civilización no sabía lo que era una calculadora, pero sus cálculos eran tan precisos como para tener en cuenta la curvatura de la Tierra a la hora de realizar sus mediciones.

El segundo tipo de dibujos era una serie de advertencias, miedos, temores e incertidumbres. Un intento de comunicarse con algo que surcaba los cielos, y que solo desde los cielos los podría ver. Exactamente igual que los círculos del maíz. Es este un misterio que subyace épocas y personas. ¿Cómo se las ingeniaron en Nazca para hacer líneas de kilómetros sin desviarse ni un solo centímetro? ¿Cómo tuvieron en cuenta la curvatura de la Tierra para realizar ese cálculo? ¿Para qué realizaron estas figuras? ¿Para quién?

Para dejarnos clara la posible relación entre algunos de estos lugares energéticos y el fenómeno de los círculos del maíz, el día 2 de julio de 2009, apareció quizás la figura más representativa del complejo de Nazca, el dibujo del colibrí, realizado con mayor representación geométrica que el propio diseño original de los desiertos de Perú.

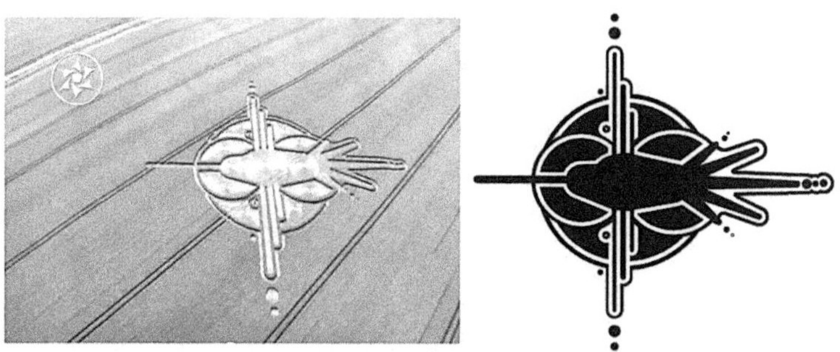

Crop circle con el mismo diseño del colibrí, aparecido el 2 de julio de 2009. Foto Maussán producciones. Diagrama de B. Zuegler.

Formación de los círculos del maíz, por acción de rayos caídos de una tormenta eléctrica y/o rayos en bola

La primera y socorrida explicación histórica para el fenómeno de los círculos del maíz fue los rayos eléctricos, y sus fenómenos asociados, los rayos en bola, y las centellas.

Los rayos son señales eléctricas de alta frecuencia, de gran potencial y con intervalos altos de corriente. Partiendo de la base de que se producen tormentas eléctricas en todo el mundo, y que caen miles de rayos a la superficie terrestre todos los días en diferentes partes del mundo, habría que preguntarse: ¿por qué los círculos se localizan básicamente en Inglaterra, siendo el fenómeno de la caída de rayos, un hecho que se repite en todos los lugares del mundo? ¿Qué tienen de especial los rayos que caen en Inglaterra? Si relacionásemos la aparición de los rayos con los lugares de energía telúrica que comentábamos antes, ¿Por qué los círculos no aparecen en los campos de cereales de Egipto, o en las comarcas aledañas al Escorial, cuando allí también hay tormentas eléctricas?

Las precipitaciones y tormentas que se dan en el Reino Unido no se diferencian en nada a las que puedan producirse en otros lugares del mundo. Sus efectos son los mismos en todos los sitios. Los rayos que caen en Nazca, en Múnich, o en Tokio no se diferencian de los que caen en Wiltshire. El fenómeno de la caída de los rayos es constante en el clima de la Tierra.

Los efectos estudiados de la caída de los rayos han sido estudiados por la ciencia moderna, exponiendo la siguiente conclusión: se produce una destrucción del terreno, por el tremendo impacto calorífico y eléctrico del propio rayo. Se suelen producir incendios que calcinan el lugar de impacto llegando a alcanzar temperaturas de más de 500 grados a la intemperie. Ni una sola planta aguantaría este tremendo impacto calorífico de manera continuada, y el caos resultante nunca se asemeja al orden de los círculos del maíz aparecidos y tomados como reales. Este hecho puede ser contrastado con imágenes de la destrucción ocasionada por la caída de un rayo eléctrico. El efecto de la caída de un rayo, en el mejor de los casos en el que no se calcina el 100% del terreno en un radio de 10 metros, deja unas marcas de tres metros. Esto ocurre muy pocas veces, ya que los rayos suelen caer en superficies altas y afiladas, que conducen mejor la electricidad. Con respecto a las centellas, son esferas luminosas tan brillantes como las lámparas fluorescentes cuyo tamaño varía desde algunos centímetros a varios metros de diámetro. Su duración también varía desde unos pocos segundos hasta unos minutos.

Algunas centellas se desvanecen poco a poco y otras desaparecen abruptamente y, en ocasiones, explotan. El fenómeno toma cuerpo en condiciones especiales y su materialización es instantánea. Algunas veces parece que el destello es continuo y, otras, intermitente. Vamos a partir de la base de que este fenómeno eléctrico siempre viene de la mano de las tormentas.

Siguiendo las investigaciones actuales de meteorología, el fenómeno de las centellas es algo casual, con muy pocos casos de aparición, y siempre mostrando un movimiento caótico. Las pocas veces que han podido ser vistas a ras de suelo siempre han sido apariciones fugaces, y nunca ha habido señal alguna de que el campo, o el terreno recorrido unos metros por debajo de esa centella, estuviese afectado. Si es un fenómeno tan raro, volvemos a lo mismo, ¿cómo explicar por ejemplo, los 73 casos de Inglaterra en el año 2009? ¿Acaso todas esas noches había tormenta de verano en Inglaterra? ¿Acaso hay centellas y rayos todas las noches del verano en Wiltshire? Lo cierto es que la respuesta es negativa, y le doy un ejemplo: en Inglaterra el índice de tormentas eléctricas del verano de 2009 en Wiltshire fue completamente despreciable, siendo éste el verano con más diseños aparecidos de la historia.

No hay relación alguna entre la aparición de los *crop circles* y las centellas. Tampoco con los rayos. Debemos seguir planteando este enigma desde otros puntos de vista.

Formación de los círculos por acción de animales

Según un artículo de la agencia Asociated Press datado del 25 de junio de 2005, algunos agricultores australianos habrían encontrado círculos en sus campos de maíz causados por canguros.

Tras entrar a los campos de cultivo legal de opio, esos animales presentaban conductas de comportamiento alteradas por los efectos derivados del mismo. Su desplazamiento era en círculos, y aplastaban los campos a su paso con gran violencia.

Existe también la teoría de que el ritual de apareamiento en círculos de algunas especies de erizos puede desencadenar la formación de las figuras. Teniendo en cuenta que las plantas de maíz, llegan a los dos metros de altura, parece bastante difícil que un erizo consiga tumbar (sin romper) todas las ramas con una geometría perfecta en cada trazo.

En Inglaterra no tenemos ni canguros, ni opio, ni, si me permiten, «supererizos» capaces de doblar plantas de 2 metros realizando geometría fractal. Es difícil pensar que unos animales drogados, o en actos de apareamiento, puedan conseguir sensación de tridimensionalidad en figuras de trescientos o quinientos metros de diámetro.

Esta teoría es más una curiosidad que una teoría en sí misma, como bien podrá comprobar, aunque resulta curiosa la imaginación de algunos sectores de la prensa con tal de desprestigiar este fenómeno.

Formación de los círculos mediante acción divina

No faltan las teorías que exponen algunas personas religiosas sobre la acción de Dios en todo este asunto.

Partiendo de la base de respetar las creencias que pudiera tener cada persona, es innegable que este fenómeno deja huellas, deja marcas que no desparecen de un año a otro. Es físico, es comprobable, es analizable por la ciencia, no es «etéreo», no corresponde a un milagro momentáneo.

Lo que sí que es cierto es que se ha aludido a representaciones de dioses en múltiples círculos a lo largo de la historia. Como mosaico de nuestra cultura, la inteligencia que hay detrás de estos círculos también ha mostrado representaciones que evocan lo místico, tal vez intentando demostrar el profundo conocimiento que se tiene de nuestra cultura.

Como veremos a continuación, los investigadores se decantan por otras opciones menos trascendentales y más demostrables. Que aparezcan ciertas alusiones a culturas antiguas o a religiones, es una muestra más del carácter enciclopédico de todo este fenómeno. Nos dice continuamente quiénes somos, cómo somos y dónde estamos. Intenta responder a las principales preguntas que nos hacemos como seres humanos.

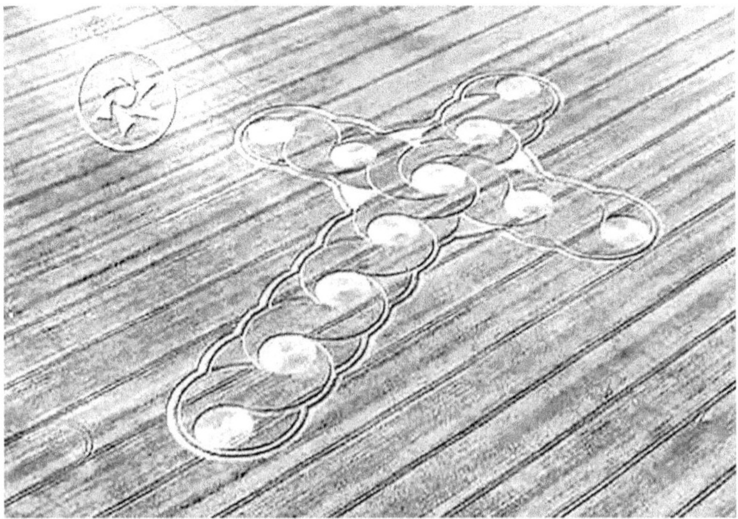

Figura aparecida en Etchilhampton, Wiltshire el 14 de agosto de 2008, con la cruz celtica de Pere Lachaise (Francia). Imagen cortesía de Maussán Producciones.

El águila que representa el dios Ra para los egipcios apareció el día 12 de junio de 2009 en Yatesbury, Cheerhill, Wiltshire. En el mismo campo apareció también la libélula, vista unos capítulos atrás. El mensaje sería libélula + dios Ra. Cambio/Transformación (libélula) en el Sol (Ra). Diagrama www.cropcircle-archive.com

Formación de los círculos por efecto de la presencia de OVNIS

Y llegamos a la teoría más comúnmente aceptada por los expertos en el tema: la autoría de los *crop circles* por parte de objetos voladores no identificados que realizan maniobras de acercamiento a los campos para realizar las figuras. En muchas ocasiones, es difícil salirse del renglón y abordar la vida desde una perspectiva distinta, y ligeramente más abierta de lo normal. Podrá usted verlo eso en política, viendo el punto de vista de los demás, en las relaciones interpersonales o en las relaciones laborales. Es difícil tener una perspectiva diferente de la realidad. Es difícil comprender la vida desde un punto de vista amplio y abierto.

Pues eso mismo le pido, si me permite, antes de afrontar estos hechos. Por favor, abarque con su mente más posibilidades, aumente sus expectativas sobre este fenómeno. Los OVNIS son a todas luces el principal motivo de las investigaciones actuales, a raíz de lo que está pasando en Wiltshire. Se cuentan por cientos, los testimonios de luces que se acercan y hacen los diseños en unos pocos segundos. Una de las muchas pruebas que relacionan estas figuras con los OVNIS es una grabación de la que extraemos los dos siguientes fotogramas, tomada por el investigador y fotógrafo Steve Alexander, desde la colina de Milk Hill, en Wiltshire el día 29 de julio de 1990.

Fotogramas extraídos de la grabación del *crop circle* aparecido en 1990 cerca de Milk Hill. En la misma toma, el fotógrafo Steve Alexander pudo constatar la presencia de un OVNI a la derecha de la posición de la figura, y situado a escasos metros de la misma (derecha). Fotografías libres de derechos. Para ver el video completo: http://www.temporarytemples.co.uk/milk-hill-ufo/

En el año 2008, y según los investigadores del CMR, se pudo demostrar la aparición súbita de los círculos del maíz mediante un dispositivo de control de los terrenos. Este dispositivo realizaría una fotografía a pie de campo cada siete minutos. Por supuesto, elegir un campo en especial para realizar este experimento fue difícil, porque hay cientos y cientos de parcelas en Wiltshire. Pero el 7 de julio de 2007, el 7/7/7, en East Field, se consiguió una de las pruebas definitivas del fenómeno. La tenacidad de los investigadores del fenómeno dio sus frutos.

Este diseño de más de 300 m, cuya formación fue realizada en menos de 7 minutos apareció en East Field, Alton Barnes, Wiltshire el 7/7/7. Fotografía de Frank Laumen.

Si no hay persona en el mundo capaz de hacer este tipo de diseños en menos de siete minutos (los grupos que se dedican a hacer los fraudes, dedican varias horas a la confección de círculos mucho más pequeños y menos complejos), entonces quien hace estos dibujos en las plantas, ¿quiénes son los autores?

Arriba campo virgen de East Field, Wiltshire, siendo monitorizado en la madrugada del día 7 de julio de 2007. Siete minutos después, las imágenes de los monitores mostraban el campo con el diseño ya impreso, algo imposible en una figura de 300 metros de largo. Recreación de los hechos a cargo de Rodrigo Yubero.

A la mañana siguiente, pudieron observarse diferentes objetos sobrevolando la zona. Resulta especialmente destacable la facilidad de que tienen estos objetos de acercarse a nuestros aparatos aéreos. Y por otra parte, una nueva pregunta: ¿ese helicóptero militar qué estaba haciendo allí? Recreación de las imágenes reales a cargo de Rodrigo Yubero.

Sin ser afectados por turbulencia alguna, estos pequeños objetos se han grabado en video en cientos de ocasiones, destacando las filmaciones de la actual gran oleada de OVNIS de México. Los videos del ingeniero Arturo Robles Gil son una muestra perfecta de lo que este tipo de objetos son capaces de hacer.

Por otra parte, este tipo de avistamientos reales, nunca dejan de ser una violación del espacio aéreo de un objeto volador no identificado a una nación. Las consecuencias políticas y militares que supondrían al gobierno de Inglaterra si admitiese que constantemente estos objetos se pasean a sus anchas por los campos del sur del país, imprimiendo dibujos complejos, serían atroces.

Es más conveniente por otra parte, mantener toda esta información en secreto. ¿Se está ganando tiempo con este tema? ¿Cómo es que usted no se ha enterado hasta ahora de nada de lo que le comento? ¿Puede usted imaginarse la campaña de desinformación y de ocultamiento que existe para que usted no haya sabido hasta ahora absolutamente nada de este tema?

Avanzamos con la siguiente prueba.

En 1999, un videoaficionado inglés grabó un ovni tras la aparición de uno de estos perfectos *crop circles*, grabación de la que extraemos los siguientes fotogramas:

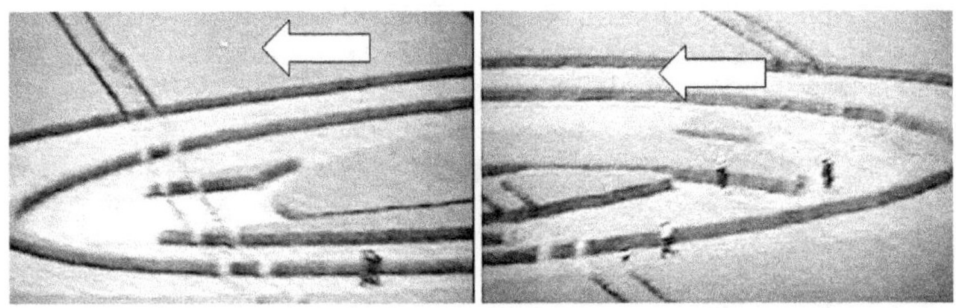

Extracto de la grabación de un espectacular OVNI moviéndose por encima del gran círculo de Avebury de 1997.

El tema a discutir sería por qué las pruebas aparecen por cuentagotas. Y es que, hay que estar despierto de madrugada, en un campo aledaño esperando toda la noche helado de frío, en el sitio exacto en el que justo ese día aparece la figura, con la atención perfectamente afilada, y la cámara preparada para grabar en cualquier momento un evento así, y además grabarlo nítidamente. Las condiciones son difíciles de cumplirse, ¿no cree?

El segundo diseño expuesto, el de Barbury Castle, en 1999, está grabado por la mañana, cuando los primeros investigadores llegaban al círculo. Y es que no es la primera vez que se graban objetos voladores horas después de haberse plasmado el círculo. ¿Qué haría ese objeto allí? ¿Acaso estaba comprobando algo? ¿Qué estaba estudiando?

¿Y los militares? ¿Qué hacia otro helicóptero militar sobrevolando a baja altura el círculo del maíz aparecido en Oare, en 2010, en el que yo me encontraba? A todo aquel aficionado al tema de los OVNIS seguro que no le ha extrañado que en algún momento de esta apasionante historia hayan aparecido los militares. ¿Por qué el ejército dedica tiempo y dinero al estudio de los *crop circles*? ¿Cuáles son sus descubrimientos, y por qué no los comparten con el mundo? ¿Qué saben los militares británicos sobre la relación entre los OVNIS y los círculos de las cosechas? ¿Si fuese un fraude, entonces porqué habrán estado investigando este fenómeno durante tantos años? Foto: Vicente Fuentes.

Cuando hablamos del movimiento de los objetos o de las personas siempre hay una motivación. Imagínese un momento. Usted va a casa de un amigo. El motivo es que quiere verle, quiere disfrutar de su compañía. Va a ese sitio por algo, por una motivación, por un deseo o por una necesidad. Siguiendo esto, entonces, ¿qué hacía ese objeto ahí? No estaba ahí «porque sí». Había una motivación en su comportamiento. Estaba haciendo algo.

Es su papel plantearse esta secuencia de acontecimientos desde un punto de vista propio y particular. Hablamos de ovnis que bajan a la superficie, y realizan un trabajo artístico, para nosotros, y que en ocasiones vuelven a bajar para comprobar algo. No es un tema fácil de plantearse y mucho menos de analizar. Voy a mostrarles algunas otras anomalías retratadas en fotografías relacionadas con los círculos del maíz:

Recreación de la fotografía tomada en agosto de 1987 en Cheesefoot Head, Hampshire. Dibujo realizado por Rodrigo Yubero.

Dos columnas de luz y vapor emergen sobre dos *crop circles* realizados en la misma zona. Este incidente fue realmente sorprendente ya que la energía que emanaban esos círculos podía verse desde decenas de kilómetros de distancia. Dibujo realizado por Rodrigo Yubero.

Muchos investigadores han planteado el papel de estos círculos como un sistema de señalización o balizas que solo puede ser visto desde el aire. Un sistema de localización con un lenguaje geométrico concreto. Esta es una explicación, tan válida como la que pueda usted tener, estimado lector.

Lo cierto es que sea cual sea la motivación que pueda pensar cada persona, el propósito de intento de comunicación es un hecho. Pero a pesar de lo claro que es, los humanos no llegamos a entenderlo del todo. ¿Para qué todo esto? ¿Por qué, como dice mi padre, no se presentan en el Santiago Bernabéu en un Madrid-Barcelona, o en una final de la *Superbowl* de fútbol americano?

Sin duda este enigma es una pieza clave dentro del rompecabezas que resulta el fenómeno OVNI. Todos los investigadores coinciden en que muchos de los acontecimientos del fenómeno de los ovnis rozan lo absurdo. Pero es absurdo, sin duda para nuestra mente humana, y quizás no lo sea tanto para las inteligencias que están detrás. Quizás todo esto corresponda a un proceso de iniciación hasta una toma de contacto más pública, y más notoria. Lo que no cabe duda es que los círculos de las cosechas serían un gran paso adelante.

Desde 1991, se han multiplicado exponencialmente los casos de ovnis en los cielos de nuestro planeta, justo cuando explotó el fenómeno de los *crop circles*. En estos años han aumentado las oleadas (pequeños lapsos de tiempo, en el que se concentran muchos casos OVNI, en un sitio concreto del planeta) a pasos agigantados.

El tipo de ovnis que aparece con respecto a los círculos de las cosechas, en este caso esferas pequeñas de color blanco, es el tipo de ovni más habitual estudiado actualmente, y se enmarcan dentro de la grandísima cantidad de casos reportados con testigos, fotografías y videos, como puede demostrar el archivo del investigador Jaime Maussán. Estos ovnis han sido vistos en la totalidad de los países del mundo, con grabaciones que en algunos casos, agárrense, muestran más de 500 objetos en formación. Por supuesto esta información no la verá usted en los informativos de televisión, ni en los periódicos de ningún país, salvo honrosas excepciones. Existe una mordaza a este tema que hace que la opinión pública no se pregunte más de la cuenta sobre estos hechos.

Le daré un ejemplo bastante explícito: existen las *snuff movies*, películas de encargo en la que aparecen raptos, violaciones y asesinatos reales y en directo, de personas como usted y como yo. Ese tema es conocido por las autoridades perfectamente, pero por descontado nunca los verá tampoco en las televisiones. Nunca verá las detenciones. Es un tema tabú. Existe sin duda una corriente dentro del periodismo que anula todo lo referente a la investigación de cualquier asunto relacionado con el misterio, aunque éste sea analizado científicamente y con garantías. El silencio es una opción, y la burla, el ridículo, y finalmente la indiferencia es la solución más empleada. Muchos medios no contrastan, no luchan por la verdad, se dejan politizar en exceso. Hay miedo de generar miedo con la verdad, porque la verdad en el misterio no vende en esta sociedad.

Si entramos a un tema con una negativa a priori, lo más seguro es que nuestra percepción inicial vicie nuestra opinión futura. El fenómeno de los *crop circles*, por las meras descripciones que hemos hecho en este libro hasta ahora, merecerían toda la atención científica posible, pero no es así. Pertenece al misterio, y sus secretos pueden quedarse en ese umbral de «lo extraño» durante décadas. Ahí hay sin duda, un gran desafío; si los mensajes son para toda la humanidad, ¿por qué el gobierno británico guarda silencio con respecto a este tema? ¿Es que hay algo que ocultar con respecto al tema Ovni en este fenómeno en particular? Fascinantes preguntas, una vez más, y difíciles respuestas.

A partir de aquí, vamos a hacer un recorrido por los últimos 20 años del fenómeno, sin duda, únicos cada uno de ellos, y con una carga en los mensajes verdaderamente extraordinaria. Primero voy a enseñarles los diseños más espectaculares, y luego voy a contarle los mensajes más destacados, pero sepa usted que cada año existen multitud de mensajes importantes. Diseños que por sí solos ya merecerían un libro entero cada uno de ellos.

¿Está preparado? Acompáñeme al verdadero sentido de todo el fenómeno de los *crop circles*: la comunicación.

1. El copo de nieve

Milk Hill, Wiltshire, Inglaterra, el 8 de agosto de 1997.
Fotografía de Frank Laumen.

2. La primera mariposa

Hailey Wood, cerca de Ashbury, Oxfordshire, 16 de julio de 2007.
Fotografía de Frank Laumen.

3. El código de PHI

Oare, cerca de Marlborough, Inglaterra, el 21 de junio de 2010. Foto: Vicente Fuentes.

4. Los mayas

Ogbourne down, Wiltshire, Inglaterra, el 24 de julio de 2009. Fotografía cortesía de Maussán Producciones.

5. La cruz de los círculos

Wayland Smithy, Oxfordshire, Inglaterra, el 27 de julio de 2008.
Fotografía de Frank Laumen.

6. Pentágono

05.07.2009, Silbury Hill, Wiltshire, Inglaterra.
Fotografía de Frank Laumen.

7. El cubo de Metatrón

Sugar Hill, Wiltshire, 1 de agosto de 2007.
Fotografía de Frank Laumen.

8. Cinco estrellas

26.07.2007, Burbage, Wiltshire, Inglaterra.
Fotografía de Frank Laumen.

9. Jeroglíficos en el maíz

12.06.1999, East Field, Wiltshire, Inglaterra.
Fotografía de Frank Laumen.

10. El enigma

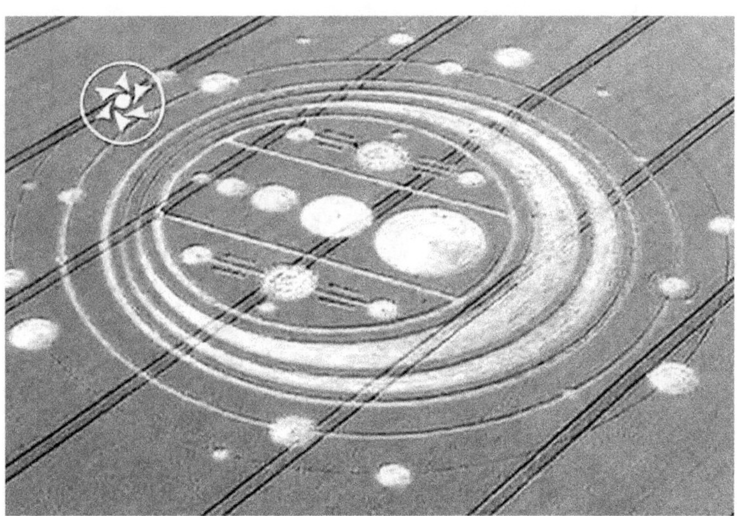

06.08.2009, Windmill Hill, Wiltshire, Inglaterra.
Imagen cortesía de Maussán Producciones.

11. Simbología del sexto Sol Maya

Woolstone Hill - Uffington, Oxfordshire.
13 de agosto de 2005. Imagen cortesía de Maussán Producciones.

12. Geometría cuadrada

Morgans Hill, Bishop Cannings, Wiltshire. 2 de agosto de 2009.
Fotografía de Frank Laumen.

13. Cambios en el Sol

Yatesbury, Wiltshire, el 12 de junio de 2009.
Fotografía de Frank Laumen.

Capítulo 3
EL AUTÉNTICO MENSAJE

Año 1999: fractalidad

Comenzaba fuerte la sesión de aquel año 1999 con figuras cada vez más complicadas. Una de las más extraordinarias apareció cerca de la antena del radiotelescopio de Chilbolton, Hampshire, Inglaterra. ¿Por qué allí, en terreno militar?

Crop circle aparecido el día 16 de junio de 1999 en el terreno militar situado al lado de la antena de Chilbolton. Diagrama: Vicente Fuentes.

El diseño constaba de 138 círculos dispuestos con la forma de dos triángulos de Sierpinski unidos, una figura matemática que exponía la base de la fractalidad.

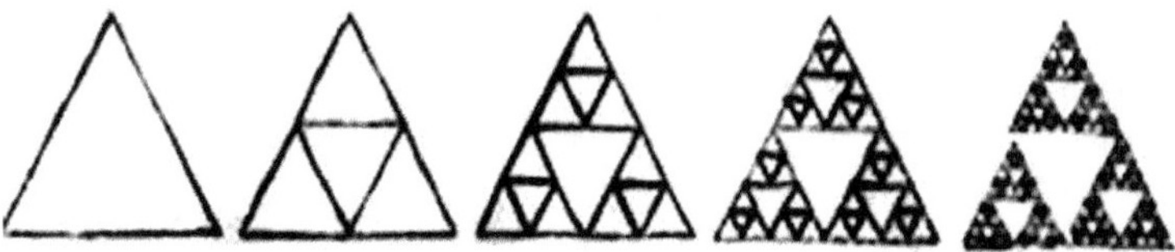

Fractalidad expresada con triángulos que van apareciendo dentro de otros triángulos. Dibujo: Vicente Fuentes.

¿Por qué un fractal? ¿Y por qué al lado de un radiotelescopio? Tendríamos que esperar un año para descubrirlo. Matemáticamente repetidos a escala, estos triángulos eran los precursores matemáticos del siguiente mensaje.

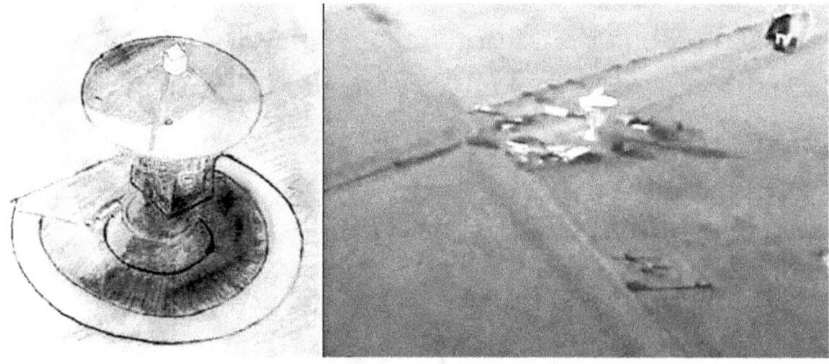

Captura de video de los terrenos militares donde está situada la antena de Chilbolton, en Hampshire, Inglaterra. Dibujo: Vicente Fuentes. Imagen cortesía de Jaime Maussán producciones.

De momento, quedémonos con una idea: el gran radiotelescopio de Chilbolton, Inglaterra ha sido protagonista de los hechos más importantes de la historia de los *crop circles*.

Año 2000: «Su» antena

La inteligencia que está tras los fenómenos del maíz había dejado claro aquel año 2000 que los mensajes no podían ser un fraude o un intento de falsificación. Habíamos pasado de diagramas complejos a auténticos galimatías matemáticos que hacían palidecer a los círculos fraudulentos en todos los aspectos.

Y entonces en la madrugada del 13 de agosto de aquel año apareció este *crop circle*:

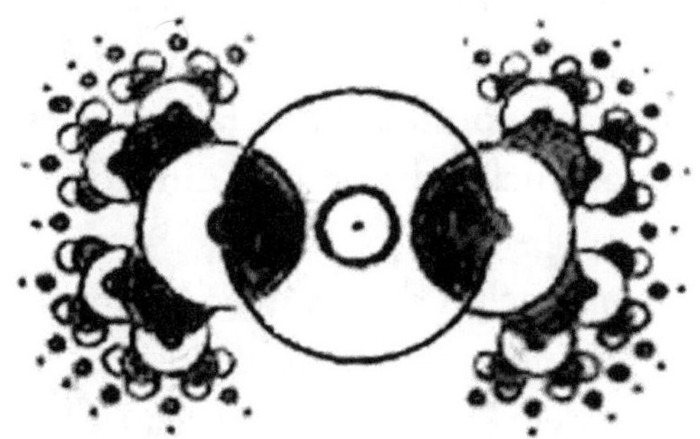

Este es el principal *crop circle* que apareció en el año 2000. Ese mensaje, esos círculos que salen unos de otros (formas fractales), del que en aquel momento no se sabía su significado y su contenido, realmente formaba parte del mensaje del año siguiente. No se olvide de la forma de esta figura, porque volveremos a ella cuando hablemos del año 2001. Diagrama: Vicente Fuentes.

Como decíamos era otro fractal, en este caso circular, de nuevo al lado de la antena. ¿Por qué otra vez en un terreno al lado de un radiotelescopio espacial? ¿Por qué el anterior año también apareció una figura con triángulos, pero similar en su geometría fractal? ¿Qué significaba esa relación? La clave estaba en la propia antena de Chilbolton. Esta construcción había dado cobertura a la agencia espacial estadounidense NASA durante las décadas de los 70, 80, y 90, y había participado en el experimento de comunicación que realizaron Frank Drake y Carl Sagan en 1974.

Viajemos hacia ese año 1974. En aquel entonces la situación de la NASA era difícil de asimilar por la opinión pública americana. Vietnam y las misiones Apolo se habían beneficiado de grandes partidas de presupuestos mientras que el paro y la inflación amenazaban el estilo de vida de la clase media americana. Había que impulsar de nuevo el interés de la opinión pública hacia el espacio, tras los extraños acontecimientos de las últimas misiones, magníficamente tapados por los medios de comunicación, y la inauguración de la antena de Arecibo era una perfecta ocasión para volver a demostrar el poderío norteamericano con respecto a la carrera espacial. Aquel hecho sobre todo funcionaba de cara a mejorar la imagen de la NASA.

Para la inauguración de la antena de Arecibo se encargo un proyecto de comunicación a dos de los más brillantes científicos americanos del momento: Carl Sagan y Frank Drake. El proyecto se inició en 1974 y tenía como objetivo la emisión de un mensaje cifrado por radio de 1.679 caracteres, en código binario (unos y ceros), en dirección al cúmulo de estrellas M13, el lugar más poblado de estrellas del que tenemos conocimiento, y en el que sería más probable encontrar vida. En el mensaje se expondría información sobre la humanidad, pero aquella era una propuesta más relacionada con los sueños que con la realidad: de haber una respuesta, ésta tardaría más de 25.000 años en llegar a su destino.

La antena de Chilbolton, Inglaterra, en la que en el año 1999 y 2000 habían aparecido los dos *crop circles* antes mencionados, por su parte, dio apoyo logístico a la operación desde Inglaterra en colaboración con los ingenieros de la NASA.

[illegible]

Mensaje enviado en código binario desde el radiotelescopio de Arecibo (Puerto Rico), en conexión con el telescopio de Chilbolton, Inglaterra, en 1974, hacia el cúmulo de estrellas M13. Constaba de 1679 bits (unos y ceros) y fue emitido a 126 mm de Longitud de onda, en la frecuencia del hidrógeno. Dibujo: Vicente Fuentes.

El mensaje encriptado enviado el 16 de noviembre de 1974, estaba formado por 1679 cifras, constando solo de unos y ceros. Un número de cifras (bits), con la característica de ser producto de dos números primos: 23 y 73.

¿Por qué 1679? Si existía una civilización capaz de recibir y comprender la señal, sin duda sabría que 1679 es producto de 23 y 73, dos números primos (números que solo pueden dividirse entre sí mismos, y uno).

La clave del mensaje es que 23 y 73 son exactamente el número de filas y columnas del cajetín. Al organizarlo en 23 columnas y 73 filas quedaba un mensaje en forma de rectángulo, con los datos más importantes que resumen quiénes somos los seres humanos. Apliquemos un cuadro blanco por cada cero, un cuadro negro por cada uno, e invirtamos el cuadro entero. El resultado es el siguiente:

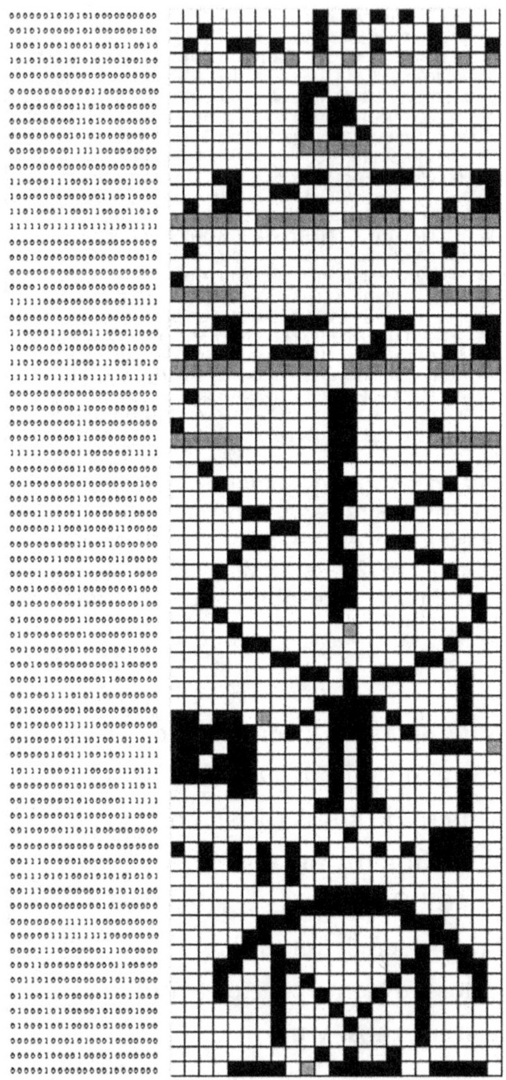

La distancia al cúmulo de estrellas M13 y la velocidad de transmisión a través de la frecuencia del hidrógeno hacían imposible que cualquier civilización recibiese la señal en un corto espacio de tiempo… a no ser que esa civilización pudiese recibir la transmisión desde mucho más cerca de lo que Drake, Sagan y toda la humanidad pudiesen imaginar…

Pasamos a diseccionar lo que decía nuestro mensaje:
- Línea de arriba:

Números del 1-10 (escala decimal).

- Principales átomos de los que consta la vida en nuestro planeta con sus números atómicos:

(H=Hidrógeno=1), (C=Carbono=2+4=6), (N=Nitrógeno=4+2+1=7), (Oxígeno=8), (P=Fósforo=8+4+2+1=15).

- Bases de la química del ADN humano:

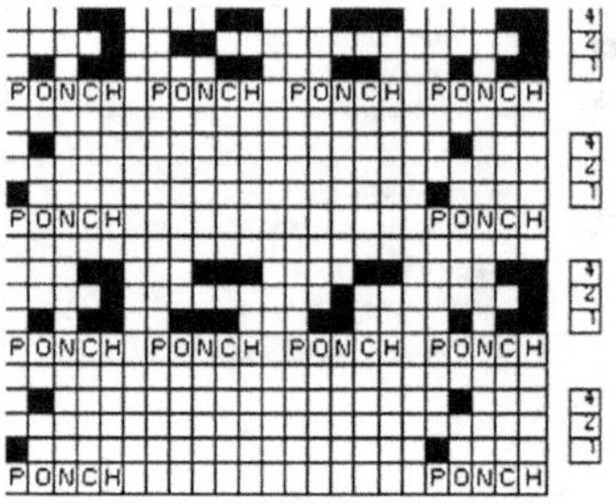

Desoxirribosa	Timina	Adenina	Desoxirribosa
C_5OH_7	$C_5H_5N_2O_2$	$C_5H_4N_5$	C_5OH_7
Fosfato			Fosfato
PO_4			PO_4
Desoxirribosa	Guanina	Citosina	Desoxirribosa
C_5OH_7	$C_5H_4N_5O$	$C_4H_4N_3O$	C_5OH_7
Fosfato			Fosfato
PO_4			PO_4

- Explicación de secuencias de nucleótidos, población, altura promedio del ser humano y representación. (Datos de 1974). Datos traducidos de código binario a decimal:

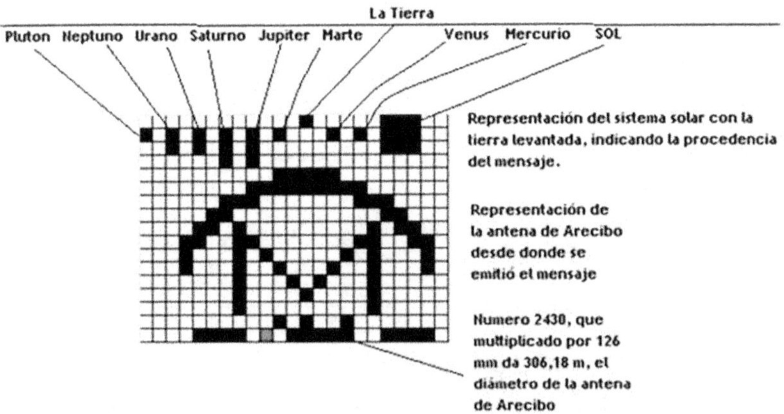

Año 2001: llamando a la Tierra

Lo que nadie sabía era que, 26 años después, ese cajetín de datos, sería respondido en un círculo del maíz al lado de la antena de Chilbolton, la antena inglesa que colaboró en la emisión del mensaje en 1974. Aquí se conecta el mensaje de Arecibo con los círculos del maíz, porque el círculo mostraba ciertas diferencias en su diseño. No eran nuestros datos los que aparecían en el cajetín.

En el año siguiente se aclararon completamente los motivos para la exposición de estos círculos fractales del año 2000. El diseño fractal circular de 2000 era una antena, una antena usada para transmitir. Le explico:

En una secuencia de comunicación directa que duró cuatro años, lo primero que apareció en 1999, fue la fractalidad en los triángulos de Sierpinski, fundamento repetido al año siguiente en los círculos fractales. Bien, pues aquel diseño de los círculos que aparecían unos dentro de otros era exactamente la antena de la inteligencia que enviaba el mensaje. Es lógico pensar científicamente que si una civilización quiere comunicarse con nosotros, lo primero que querría expresar es su manera de transmitirse, su aparato de transmisión. Si una civilización contactase con nosotros tendría que adaptarse a nuestra comunicación para tener éxito. La antena era el primer paso, el medio para empezar, el comienzo.

Esto que le voy a mostrar ahora es uno de los principales motivos que sostienen la hipótesis extraterrestre dentro del fenómeno de los círculos de las cosechas. Tras la etapa inicial de «aprendizaje» anterior a 1999, comenzaba una etapa de comunicación directa que duraría hasta el año 2002.

Primero la antena. Segundo su descripción, el cajetín de respuesta. El 15 de agosto de 2001, justo en la época (primera quincena de agosto) en la que había aparecido la figura de los círculos fractales del año 2000, aparecía en el mismo terreno una ilustración del mismo cajetín de 73 por 27 cuadros. Observe con atención:

Fotograma de la grabación realizada por el equipo de Jaime Maussán sobrevolando la gran figura del cajetín de respuesta de 2001 en el campo aledaño a la antena de Chilbolton. Imagen cortesía de Maussán Producciones.

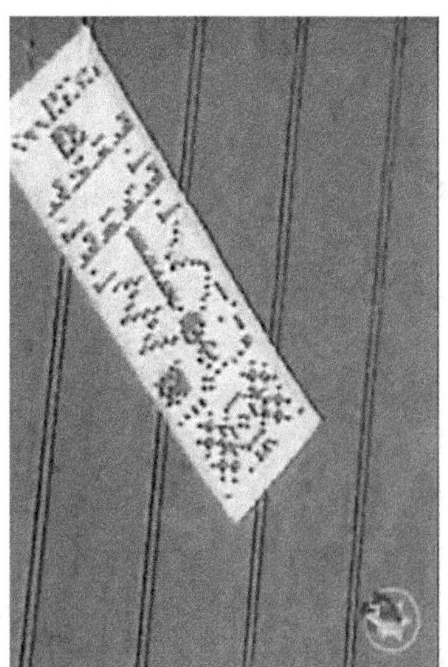

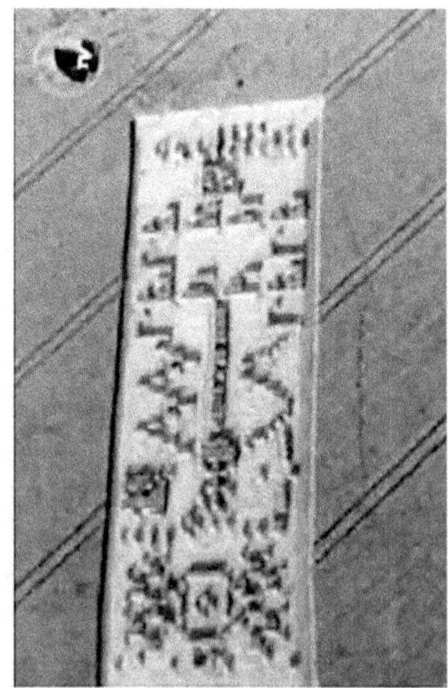

Dos fotografías extraídas de una grabación en video realizada por el equipo de Jaime Maussán en Inglaterra. El cajetín aparecía para sorpresa de todos los investigadores. Imagen cortesía de Maussán Producciones.

El cajetín era el mismo que mandaron Sagan y Drake en 1974, pero con algunas «diferencias» que vamos a explicar a continuación.

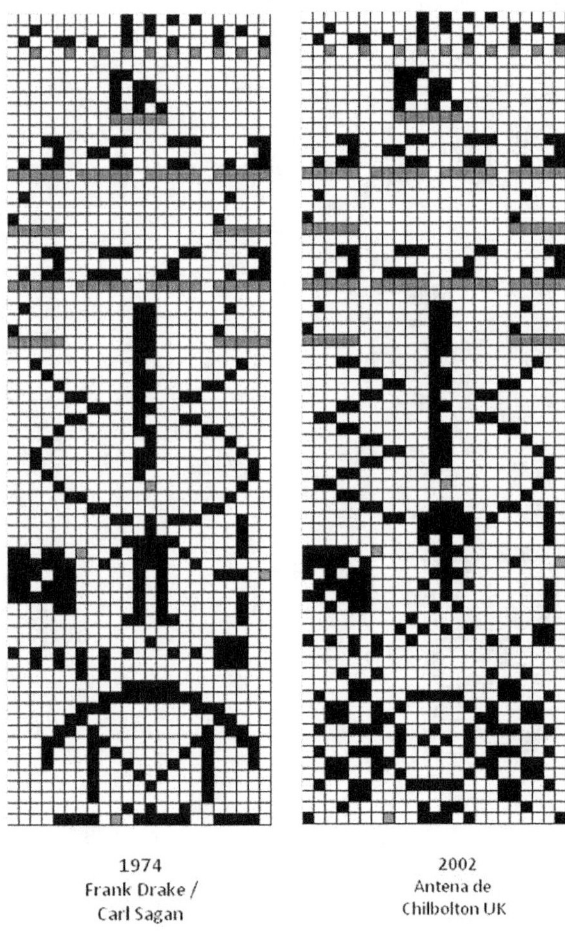

Cajetines confeccionados por Irene García y Vicente Fuentes.

Si se fija en la parte inferior del nuevo cajetín, los diseños de 2000 y 2001 se conectan porque en el espacio destinado para dibujar la antena de transmisión del cajetín del año 2001 aparece el fractal del año 2000.

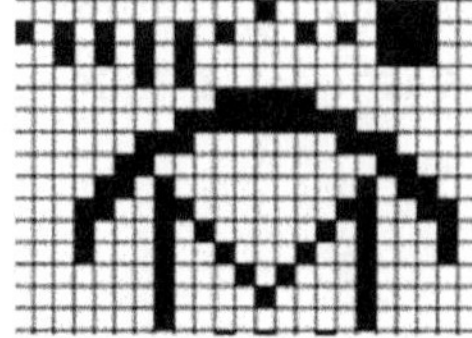

Recreación de la parte de la antena de Arecibo mandada en 1974

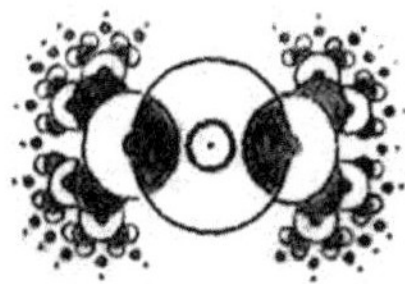

Crop circle aparecido en Chilbolton en 2000. Circulos fractales.

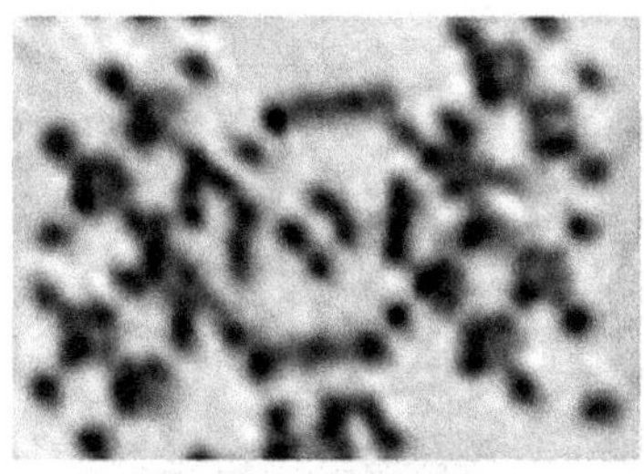

Parte inferior del crop circle de 2001 en el mismo sitio.

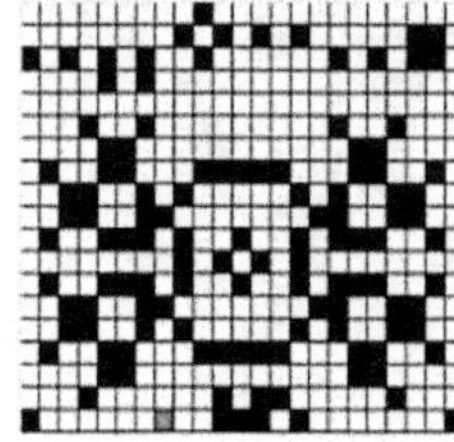

Recreación de la parte de la antena del crop circle de 2001

Examinando el cajetín de respuesta

Tanto la escala decimal como las bases de ADN (A, C, G, T) son iguales que las utilizadas por la civilización emisora. Los átomos que forman sus cuerpos son los mismos que los nuestros (carbono, hidrógeno, oxígeno, nitrógeno y fósforo), a excepción de la incorporación del SILICIO (de n.at. 14), lo que sugiere que los seres que respondían a nuestro mensaje habrían conseguido incluir la informática o alguna tecnología relacionada con ese metal, en la composición sus cuerpos. El fascinante concepto sería que habrían conseguido utilizar la tecnología para mejorar su anatomía.

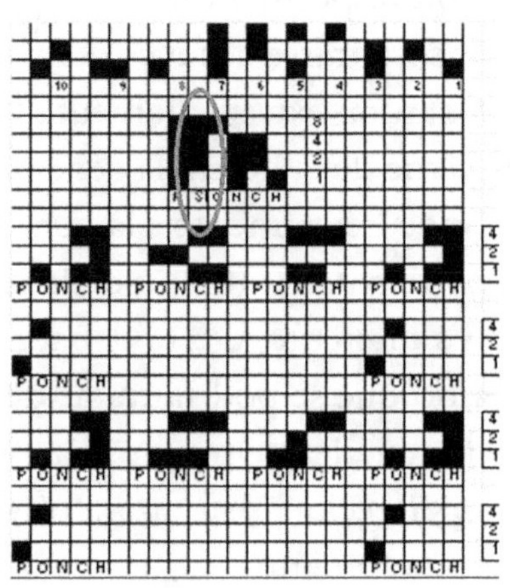

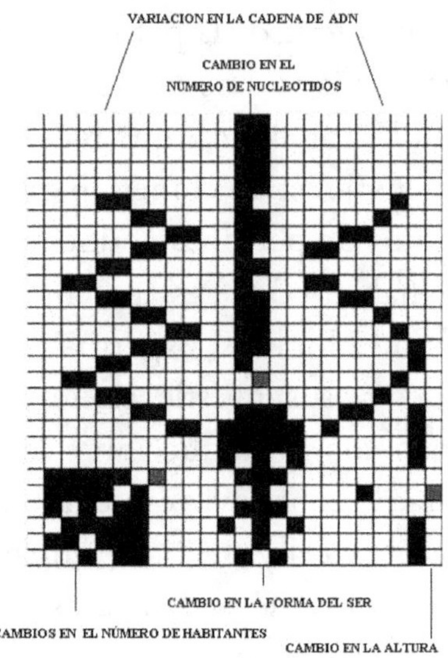

La secuencia de nucleótidos ha cambiado ya que el número resultante tiene más de un millón de nucleótidos de diferencia (4.294.966.190 del cajetín respuesta respecto a 4.293.917.614

del cajetín humano), con lo que se demuestra que su nivel de evolución a nivel genético es mucho mayor que el nuestro.

Este dato podría indicarnos que su desarrollo evolutivo y tecnológico podría llevarnos miles, cientos de miles o incluso millones de años con respecto a nuestra especie. Los nucleótidos solo pueden incorporarse a través del paso del tiempo, ya que es un proceso natural extremadamente lento.

La parte materna de la herencia genética (hélice de la derecha), se corresponde exactamente a la que nosotros enviamos en 1974. Pero la parte paterna (hélice de la izquierda) presenta una triple hélice. Es diferente, o está dañada. Algunos investigadores han sugerido que se podría tratar de una hibridación, de una mezcla de la genética de nuestra raza y su genética, y estarían intentando perfeccionar su raza a través de años y años de abducciones y experimentos.

Otra de las investigaciones sugeriría que la descendencia de esta raza solo dependería de la parte materna, siendo la parte paterna una parte dañada o no útil. Si esta teoría fundamentaría otra teoría ufológica clásica: que todos los extraterrestres emisores de este mensaje serían clones, lo que sería un respaldo más a los testimonios de personas abducidas investigadas por Bud Hopkins que hablaN de seres aparentemente iguales.

El doctor Budd Hopkins, experto en esta materia, a tenor de los resultados de sus investigaciones sostiene que lo que estos seres buscarían con las abducciones sería una mejora genética, una manera de sobrevivir estudiando nuestra genética para incorporarla a la suya y mejorar (quien sabe si salvar, su raza). Esto explicaría por qué se dan casos de abducciones durante varias generaciones de una misma familia. Se abduciría a una persona, y luego a su hija, y luego a su nieta. Se realizaría un seguimiento de esa genética. Buscando algo; algo relacionado con sus genes. La transmisión hereditaria. La herencia genética que solo se transmite de padres a hijos.

La figura descriptiva del ser emisor del mensaje en el maíz, se corresponde con un ser de gran cabeza y cuerpo muy pequeño. Incluso en la figura, y este detalle es muy interesante, se han permitido reflejar el gran tamaño de los ojos en su cabeza.

La medición de la altura del ser se correspondería con el numero binario 1.000, que es exactamente el numero 10, en sistema decimal. Si multiplicamos 10 por 126, al igual que hacíamos antes, encontramos que la altura es 1.260 mm, es decir, 1,26 metros. Resulta destacable explicar que esa altura, también se corresponde con los testimonios reales que realizan las victimas de abducciones.

El dato de la población indicaría un numero de 10.468.866.974 de seres por parte de de la civilización que emite la respuesta.

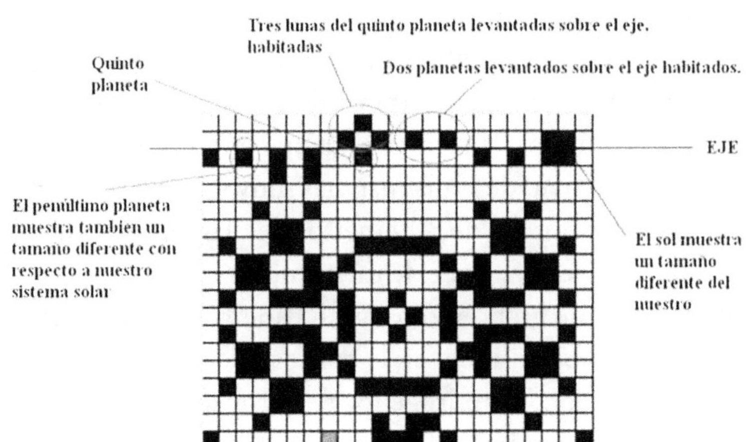

El sistema planetario de la civilización emisora de este mensaje también está formado por un sol central y varios planetas. Entre ellos, aparecen dos planetas y lo que parecerían ser tres lunas del quinto planeta levantado sobre la línea base. Esto quiere decir que esta especie habría conseguido expandir su hábitat en cinco planetas distintos, dominando su sistema solar en los lugares que podrían albergar la vida.

Podría pensarse viendo el número de planetas (9) que el sistema representado es el nuestro, pero existen diferencias: El sol es de distinto tamaño y el penúltimo de sus planetas, el que correspondería a Neptuno en nuestro sistema solar, es representado con un tamaño más pequeño que el enviado por Drake y Sagan en 1974. Esto significaría que la procedencia de esta civilización emisora sería una estrella que no es nuestro sol.

Como decíamos, para el dibujo de la antena de transmisión se realizó el esquema de círculos fractales, exactamente la misma formación que había aparecido un año antes en el mismo lugar. Sería lógico pensar, por otra parte que el año anterior presentasen la antena de comunicación, y que al año siguiente escenificasen el mensaje de quienes son realmente. Es una secuencia de comunicación lógica.

Los datos del diámetro de la antena, corresponden al número 71 en binario. Si multiplicamos 71 por 126 mm (longitud de onda utilizada en nuestra transmisión) nos daría aproximadamente 8,49 metros de diámetro, demostrando una tecnología de recepción y envío de transmisiones muy superior en comparación a nuestra antena de 300 metros de diámetro de Arecibo.

En conclusión, en vez de un hombre, aparecía un pequeño humanoide de grandes ojos, gran cabeza y pequeña estatura. Se incorporaba el silicio en la conformación de sus cuerpos aparte del carbono, el hidrógeno, el nitrógeno, el fósforo y el oxígeno, y exponían información sobre su hábitat en al menos dos planetas y tres lunas de un sistema solar que no es el que corresponde a nuestro sol.

El misterio que rodea a estas figuras nos lleva a las conjeturas, y aunque la repercusión fue prácticamente nula para el público, el cajetín es y será irrefutable. Ahí estaba la información para decodificar, partiendo del complejo sistema binario de unos y ceros. Aquello estaba en un lenguaje matemático al alcance de muy pocas personas.

Junto a esta fascinante, compleja, e inesperada ilustración de respuesta al mensaje original, aparecía la figura de una cara realizada mediante la técnica del puntillismo (aplicada en maíz), justo en la misma área militar restringida de Chilbolton.

Pero ¿qué era aquella extraña cara aparentemente humana al lado del cajetín? ¿Utilizar la técnica del puntillismo en una figura de más de 70 metros en el maíz? Sería lógico que tras «presentarse oficialmente» en el único sitio en el que se podía relacionar ese hecho (la antena de Chilbolton) con la respuesta del mensaje original de los científicos Carl Sagan y Frank Drake, la inteligencia que realiza estas figuras expusiera algo muy importante para ellos.

Su imagen de Dios, de nuestros antepasados, indicando que estarían aquí desde hace miles de años, o incluso de nosotros mismos, metáfora de lo cerca que pueden vernos, o realmente no metáfora, sino exposición o advertencia de lo cerca que están. ¿O era su aspecto? Conjeturas.

Al difuminarse la cara realizada con puntos, podemos apreciar el rostro. Fotografía de B. Zugelder. www.cropcircle-archive.com. Edición: Vicente Fuentes.

Podía ser su líder, su Dios, o incluso nosotros, pero no su aspecto. Eso estaba reservado para el siguiente año 2002. En la presentación faltaba su «foto carnet», en el círculo del maíz más polémico de la historia.

Año 2002: autoría confirmada

Seguimos en este carrusel de emociones en el que hemos entrado y que parece no tener fin, para llegar al caso del círculo más investigado, polémico y transgresor de cuantos han aparecido. En aquel agosto, cuando ya se esperaba que apareciera la figura importante de aquel año, y tras haber aparecido figuras de una complejidad impresionante, aun nos esperaba el gran «shock histórico» del fenómeno.

Era difícil imaginarse algo más impactante que lo que estaba ocurriendo con las geometrías que aparecían, pero ocurrió. Apareció un círculo con una imagen dura de asimilar. Tan explícita, que al mostrarse al público es inmediatamente rechazada como imposible por la gran incredulidad que atañe a este tema. Es necesario abrir la mente para comprender que algo así es posible en nuestro frio mundo. También es necesario antes de observar detenidamente el contenido de este *crop circle*, estar en conocimiento de que estamos ante algo único que está aconteciendo en nuestro planeta, para que cada persona saque sus propias conclusiones.

Esta figura, investigada por los mejores científicos e investigadores del planeta como Lucy Pringle, Steve Alexander, Jaime Maussán o Colin Andrews, ha sido tomada e identificada como auténtica por las características de su trazo perfecto, la conformación de las ramas y tallos de maíz, su exactitud, tamaño y, sobre todo, por las características únicas del diseño. Tres técnicas empleadas (interlineado, puntillismo y sombreado de la figura), para formar un conjunto colosal, y tres puntos de vista para apreciar el mensaje.

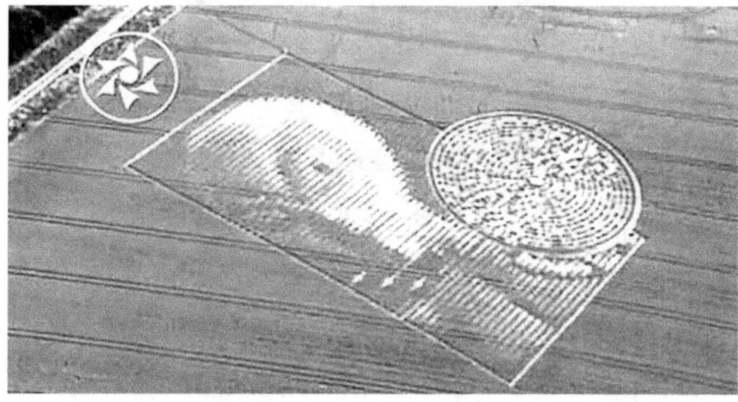

Fotograma extraído de una grabación realizada en helicóptero de la figura aparecida en Winchester, Inglaterra, el día 15 de agosto de 2002. Imagen cortesía de Jaime Maussán.

Ahí está. Es increíble e inesperadamente la figura de un humanoide sosteniendo un disco. Le pondré dos fotografías más para que observe bien esta figura:

Segundo fotograma de la filmación del equipo de Jaime Maussán, sobrevolando la figura de Winchester. Imagen cortesía de Maussán Producciones S.A.

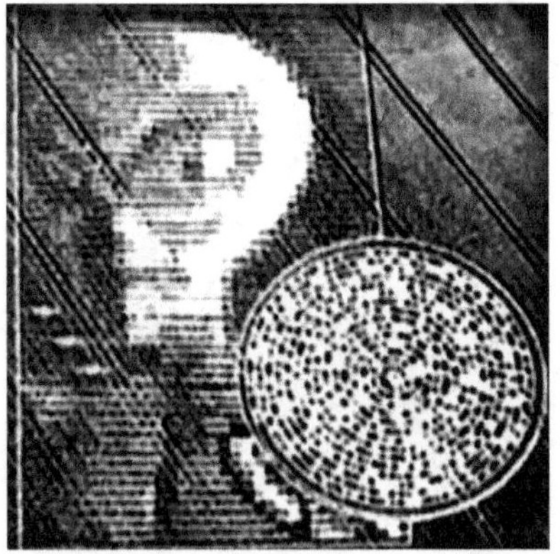

Diagrama en blanco y negro extraído del primer fotograma, tras estirar la fotografía y aumentar el contraste de la misma. Fotograma original Maussán producciones. Edición: Vicente Fuentes.

Si superamos el shock inicial, y prestamos atención a los detalles, el sistema de representación de la cabeza y del disco es diferente. Mientras que el disco está formado por una espiral de cuadros rellenos y vacíos, la figura de la cabeza está representada con un interlineado, parecido al que se obtiene al realizar una fotografía a un monitor.

Aunque sea difícil de creer, esta figura está por tanto concebida para ser vista de dos maneras diferentes, y tiene tres planos bien diferenciados: disco, cuerpo y horizonte. El primer plano es el círculo, el disco, y corresponde a una codificación en números binarios (ceros y unos) de un mensaje cifrado. El mensaje ha sido traducido en diferentes partes del mundo, y se ha llegado a una conclusión determinada común, ya que, si empezamos a contar desde el centro del mismo, nos encontramos con bloques cuadrados blancos y negros.

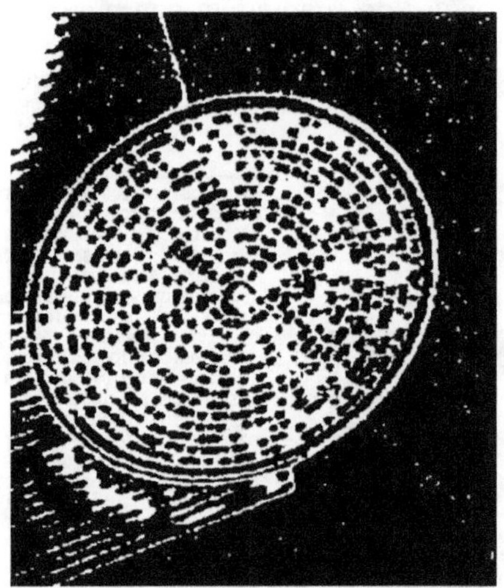

Acercamiento del primer fotograma de la filmación de Jaime Maussán y ensanchamiento del círculo para una mejor visión. El disco muestra surcos en espiral identificables con unos y con ceros. Cortesía de Maussán Producciones. Diseño: Vicente Fuentes.

Esos bloques cuadrados de un color o de otro, representan un uno o un cero. Si realizamos una separación por cada ocho bloques individuales, tenemos letras en código ASCII.

Las separaciones por cada 8 dígitos conforman las letras del mensaje en código ASCII. Observamos que también hay bloques rectangulares en vez de cuadrados; son marcadores que separan las letras. La zona marcada en rojo, expone una palabra dañada. Captura: Maussán Producciones. Edición: Vicente Fuentes.

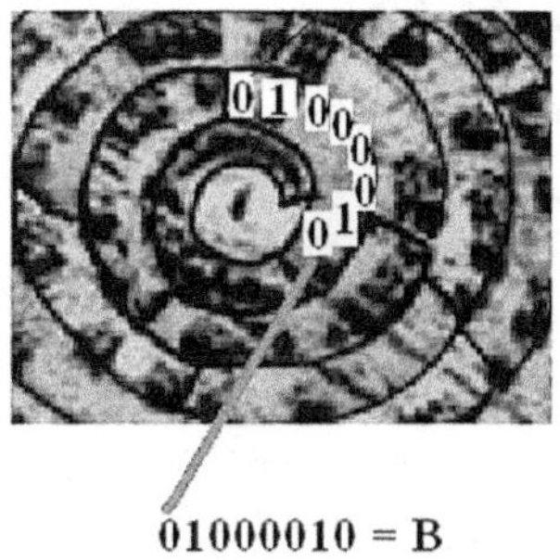


```
0101000010S01100101S01110111S01100001S01110
010S01100101S00100000S01110100S01101000S00
100000S01100010S01100101S01100001S01110010S
01100101S01110010S01110011S00100000S0110111
1S01100110S00100000S01000110S01000001S01001
100S01010011S01000101S00100000S01100111S011
01001S01100110S01110100S01110011S00100000S0
0100110S00100000S01110100S01101000S01100101
S01101001S01110010S00100000S01000010S010100
10S010011101001011S01000101S01001110S001000
00S01010000S01010010S01001111S01001101S0100
1001S01010011S01000101S01010011S00101110S01
001101S01110101S0110001101101000S00100000S0
1010000S01000001S01001001S01001110S00100000
S01100010S01110101S01110100S00100000S011100
11S0111010001101001S01101100S01101100S00100
000S01110100S01101001S01101101S01100101S001
01110S01000101S01000101S01001100S1001001S0
1000101S0101010101110S01000101S00101110S0101
0100S01101000S01100101S01110010S01100101S00
100000S01101001S01110011S0010000S01000111S0
1001111S01001111S01000100S00100000S01101111
S01110101S01110100S00100000S01110100S011010
00S01100101S01110010S01100101S00101110S0101
0111S01100101S00100000S01101111S01010000S01
110000S01101111S01110011S01100101S00100000S
01000100S01000101S01000011S01000101S01010000
0S01010100S01001001S01001111S01001110S001011
10S01000011S01001111S01101110S01100100S0111
0101S01101001S01110100S00100000S01000011S01
001100S01001111S01010011S01001001S01001110S
0100011101011100S0
```

Mensaje completo con unos y ceros del disco del *crop circle* de Winchester, en 2002. Los dos primeros dígitos son el uno y el cero, dando la pauta de la base binaria en la que el código estaba escrito.

La traducción del mensaje de binario a letras deja una transmisión en inglés, el idioma más hablado de la Tierra, el «oficial de la Tierra», y es, a todas luces, desafiante.

El mensaje que aparece tras la traducción letra por letra de este disco es el siguiente:

«Beware the bearers of FALSE gifts and their BROKEN promises. Much PAIN, but still time. Believe there is good out there. We opPose deception. COnduit CLOSING. 0x07».

Este mensaje se traduciría en español de la siguiente manera:

«Cuidado con los portadores de los falsos regalos y sus promesas rotas. Mucho dolor, pero aún hay tiempo. Crean que hay bien ahí fuera. Nos oponemos a los engaños. Conducto cerrándose. 0x07».

La información es realmente interesante ya que es una sorpresa que se empiece con una advertencia, pero el contenido del mensaje es global, para todo el mundo, y a día de hoy, se cuestiona sobre su intencionalidad. Queda para el lector su análisis, lo que le exprese y le haga sentir, lo que le exponga una situación expuesta y realizada de esta manera.

Como punto clave del fenómeno, es una presentación en el lenguaje visual del ser humano que, lejos de asistir a una intromisión en su vida, tal y como sería si se interviniese en internet, o se interrumpiesen las comunicaciones, se basa en una simple figura en un campo, con un disco imposible de realizar por los seres humano dada su apabullante complejidad, escrito en un lenguaje binario que, letra por letra y bit a bit, nos sitúa en un momento histórico de nuestro tiempo. La primera comunicación explícita y directa para toda la humanidad.

Todas las ideas que están expresadas en el disco han sido puestas ahí con un motivo. Es una gran llamada de atención en sí mismo y en su manera expresarse (en código ASCII). Este detalle hace imposible un fraude, y lo hace más imposible todavía teniendo en cuenta que apareció en un terreno restringido y que la figura surgió como siempre ocurre, de noche.

Estamos hablando de un disco con un mensaje enrollado con un diámetro de más de 70 metros lleno de advertencias, y de una absoluta declaración pública en medio de un campo del maíz.

Además, si se fija, el disco está fuera del cuadro en el que está el ser. Está en primer plano. No dejaría de ser una maravillosa metáfora el hecho de verlo de la siguiente manera: el ser sale de su mundo, de su recuadro, para darnos un mensaje en nuestro idioma; y ese disco está fuera del recuadro, porque forma parte de nuestro mundo.

Si seguimos analizando esta figura, habría que ver cómo está formado el segundo plano: la cabeza del extraterrestre mostraría una zona con sombra y otra más iluminada. ¿Cómo se puede realizar este efecto en una figura que usa una técnica de interlineado? La manera de ver realmente este diseño está en su propia codificación. Esta figura está diseñada para que veamos el mensaje del disco de manera perfecta, y para que veamos el rostro del extraterrestre difuminado. Aplicando un filtro gaussiano, para difuminar la imagen, encontramos que la verdadera representación de este segundo plano es la siguiente (derecha):

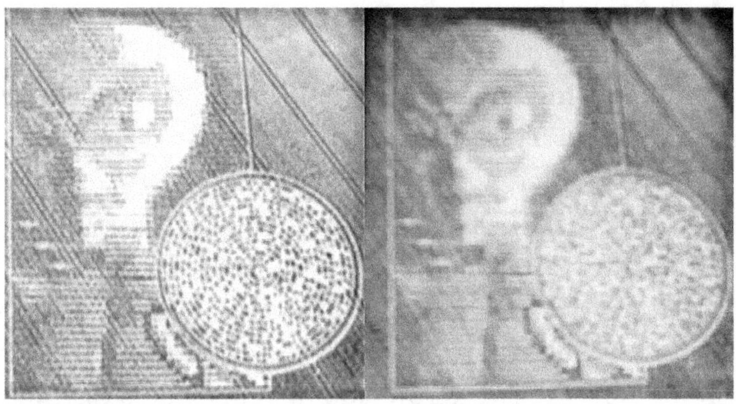

Mientras el primer plano, el del disco sería para verlo a alta resolución, el segundo plano, es para verlo difuminado. Una idea absolutamente genial. Fotograma original estirado cortesía de Maussán Producciones. Edición: Vicente Fuentes.

Como podemos apreciar, las características de este humanoide coinciden con el retrato robot típico de la mayoría de los testimonios de abducidos desde los últimos 50 años: cabeza grande, facciones extremadamente delgadas y ojos ovalados. Un detalle bastante importante es que a este tipo de humanoide siempre se le ha representado con los ojos oscuros, pero este círculo del maíz muestra al extraterrestre con pupilas.

Esto se debería a que estos seres utilizarían una protección de sus ojos en sus actividades en nuestro planeta (así es como siempre han aparecido en los casos estudiados), siendo su imagen original la aparecida en el diseño, y es lógico: nosotros, si me permiten la metáfora, no aparecemos con gafas de sol en nuestras fotos del DNI.

«Ellos» se mostrarían abiertamente tal y como son. Sin accesorios, sin ayudas. Solo ellos. Ellos, y su mensaje.

En un tercer plano, aparecen tres puntos en el cielo que han sido identificados con las tres estrellas de la constelación de Orión. Estas estrellas han sido referentes por motivos desconocidos para las civilizaciones egipcias y mayas, sobre todo a la hora de construir sus grandes pirámides, cobrando gran importancia a nivel místico. Se han hecho conjeturas sobre la posible motivación de estos tres puntos: ¿su origen?, ¿su símbolo? Sin duda era una parte fundamental del mensaje porque aparece en sí misma, pero al estar en tercer plano se supedita en importancia al rostro y al disco. También hay algunas personas que aseguran que esas tres estrellas se corresponden con su otra mano en un gesto de saludo amistoso. Sin duda, todo puede ser interpretado de una manera distinta según la persona.

Todo este carrusel de sensaciones data del año 2002, 50 años después de los famosos avistamientos sobre el capitolio de Washington D.C. Si estuviésemos hablando de los mismos protagonistas, el *crop circle* de 2002 sería la celebración de unas bodas de oro con sede en Inglaterra.

Si estudiamos detenidamente la figura, es imposible que un fraude representara cientos y cientos de puntos representando volumen, luminosidad, biología e informática a un nivel completamente avanzado.

El año 2003 nos esperaba a los investigadores con nueva información, asimilando aún el tremendo impacto que causa tomarse esta fotografía y este hecho completamente en serio, como así hemos de hacer si queremos llegar a la verdad.

Año 2003: moléculas nucleares

Se esperaba continuidad en los mensajes, pero lo que ocurrió también fue inesperado. Ninguna figura humana, o humanoide, ninguna información tremendamente concisa o decodificable, como la del año anterior. Parecía que la presentación oficial (antena/cajetín/retrato) había terminado. En la antesala de lo que estaba por venir, la inteligencia que realiza los fenomenales círculos del maíz dejó otra muestra más de su conocimiento, siendo el mensaje aparecido en 2003, una grandísima formación molecular de perímetro colosal en su conjunto.

La INMENSA figura de «La molécula» apareció el 10 de agosto de 2003 en Beckhampton, Wiltshire. Fotografía de Frank Laumen.

Apareció en Inglaterra el 10 de agosto de 2003, y mostraba lo que parecía ser a simple vista un entramado de secciones de círculos sin una forma fija. No fue hasta que pudo verse una vez más desde un avión, desde el cielo, cuando la perspectiva y la opinión sobre esta figura cambiaron. Era inmensa. Y lo más chocante sobre todo era una tridimensionalidad que resultaba evidente al apreciarse desde las alturas.

¿Qué era esto? No se correspondía con la tendencia de los tres años anteriores. 2003 era un año de transición entre una temática y otra, pero realmente ¿cuál era el mensaje?

La «molécula», según el CMM, mostraría la formación atómica del fulereno C60, cuyo descubrimiento fue galardonado con el premio Nobel de Física y Química en 1996. Las aplicaciones de esta molécula pasan por sustituir al silicio en el futuro de la informática, como un antioxidante con una potencia 100 veces que los actuales, y con aplicaciones biológicas en el tratamiento de la prevención ante los rayos ultravioletas del sol ante una posible catástrofe en el agujero de la capa de ozono, o debido a las emisiones de efecto invernadero (CO, CO_2 nitratos, y sulfuros), a la atmósfera. Hay otras interpretaciones que sugieren que la figura representa la reacción de una fisión nuclear.

¿Por qué exponer como mensaje principal para 2003 una molécula que podría representar una revolución en la informática, una reacción nuclear o una protección contra la radiación solar, entre otras ideas?

Los enigmas sobre el mensaje de ese año aun no han podido ser esclarecidos, ya que existe la posibilidad de que esta gran figura, o bien tenga una interpretación que aun no ha podido ser resuelta, o bien la verdadera figura principal no pudo ser descubierta por nadie y se quedó en el terreno, como un tesoro inmenso escondido y olvidado para siempre en el maíz.

Año 2004: conexión con los mayas

Tras el aparentemente inconexo año 2003, el fenómeno continuaba expresando numerosas ideas y fundamentos científicos. En 2004 se esperaba la figura principal de ese año con estupor, ya que el impacto de los mensajes de 2000, 2001 y 2002 aun seguían vigentes. Y apareció, iniciando lo que podemos llamar «la etapa de los mayas». El día 2 de agosto de 2004 apareció un círculo con una extraña cuadrícula en su primer radio interior, junto con unas alas inversamente simétricas.

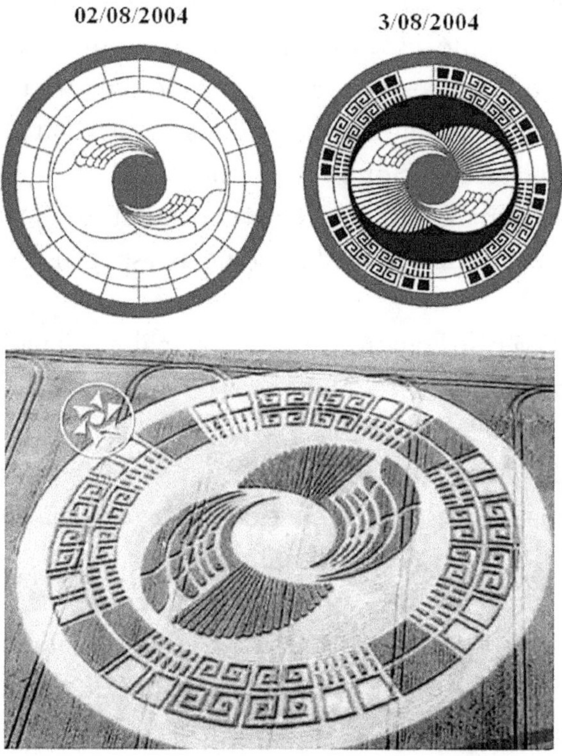

Silbury Hill, Wiltshire, 3 de agosto de 2004. Foto Maussán Producciones. Diagramas de Berthold Zugelder. www.cropcircle-archive.com y Vicente Fuentes.

Lo que nadie se esperaba, era que, tal y como ha pasado en algunos diseños (Windmill, año 2002, y Alton Priors en 2008, entre otros muchos), a la mañana siguiente, el 3 de agosto, aparecieron nuevos detalles en el interior. Una ampliación. Una expansión que fue plasmada a propósito, porque esa era la esencia del mensaje. Se quería captar nuestra atención hacia algo. Las modificaciones del mensaje eran básicamente unas espirales cuadradas dentro de cada cuadrícula. Esas espirales cuadradas eran la clave, porque pertenecen a la simbología maya. Ese era el detalle: los mayas. Relacionar a los mayas con los círculos del maíz.

Una vez hecho esto, podemos apreciar poco a poco los detalles. El círculo está dividido en secciones (cuadros negros, cuadros blancos y rayas, y espirales cuadradas), que se asemeja completamente a un calendario circular maya, con 20 diferentes separaciones. Los cálculos de los calendarios mayas, se comparan actualmente en exactitud a los valores y conclusiones modernas de las agencias espaciales americana y rusa.

Observen los cuatro puntos cardinales señalados en negro de la figura. Se corresponden con los cuatro puntos de cálculos base para el calendario maya. Si vemos la separación de las áreas de las espirales cuadradas del *crop circle*, vemos que hay 20 separaciones, exactamente los mismos días en los que se divide un mes en el calendario maya.

Las cuatro regiones sombreadas en negro serían, según las primeras investigaciones los cuatro soles (eras para los mayas), y el centro, el quinto sol, nuestra actual era, que comenzaba el 13 de agosto de 3114 a. C. y terminará el 21 de diciembre de 2012. Las plumas que aparecen el centro, representaban para esa cultura un símbolo de poder.

Poder para expresar ideas, poder para informar, para comunicar, para avisar y para convencer. Aquel año el fenómeno cambiaba de aspecto una vez más pero enfocaba el futuro hacia una temática, y esa era la tendencia. 2005 esperaba con otro calendario.

Año 2005: eclipse

Tras el impacto del calendario del año anterior, seguimos en nuestro viaje por el tiempo. Una nueva figura apareció de nuevo en el mes de agosto, ampliando la información que se había obtenido del agrograma de 2004.

Apareció el día 9 de agosto de 2005 en Wayland en la región de Ashbury, y fue considerado el mensaje de ese año. Captura: Maussán Producciones.

Ahí estaba de nuevo, con 20 separaciones, expresando días de un mes maya. Con cuatro aspas representando las eras mayas, con 13 segmentos entre cada aspa (13 subdivisiones que representaban los 13 meses mayas de 20 días cada uno) y sobre todo, con la información central como referente: la figura de un eclipse.

Según los escritos recuperados del periodo posclásico (900-1540 d. C.), los mayas tuvieron entre los miembros de su jerarquía, a unas personas que se dedicaban a identificar acontecimientos de su sociedad, equiparándolos con los cambios de la posición de los astros celestes. Estas personas se llamaban «chilames», y vaticinaban periodos de riqueza, sequías, guerras o catástrofes según sus estudios de la cosmología más avanzada. Muchos de estos vaticinios, de estas predicciones, fueron recogidas en los volúmenes de los libros *Chilam Balam*, estudiados por todos los catedráticos e historiadores de las culturas mesoamericanas.

Las predicciones del *Chilam Balam* se iban cumpliendo, desde periodos de malas cosechas, o conflictos sociales, hasta la llegada de los españoles en los siglos XV y XVI. Su control del tiempo y de la posición de los astros era milimétrica, y lo cierto es que según su esquema del tiempo, el 21 de diciembre de 2012, se completaría un ciclo cronológico de 13 baktunes (cada baktún tiene 400 tunes, y cada tun 360 días).

Según los mayas, cada vez que se completaba un ciclo de 13 baktunes, en el mundo se experimentarían profundas transformaciones afectando muy especialmente a la humanidad de ese tiempo. Según los estudios del Dr. Miguel Rivera Dorado, experto en cultura maya de la Universidad Complutense de Madrid, esta civilización exponía el cambio de ciclo como un replanteamiento de la creación decidida y ejecutada de alguna manera por las fuerzas naturales.

Cambios en el 2012 según la ciencia maya y un círculo del maíz representando el eclipse del 20 de mayo de 2012 con el dato del tránsito de Venus. Un círculo que explicaba y redirigía los aspectos del fenómeno hacia el futuro. Un futuro desconcertante y apasionante.

Año 2006: Venus

El símbolo del planeta Venus, cuyo tránsito visible desde la Tierra podremos apreciar, 16 días después del eclipse del 20 de mayo de 2012 viene marcado en este glifo de la cultura maya.

Primero un calendario maya en 2004. Luego la confirmación de un eclipse, en 2005, y el símbolo de Venus en 2006. Círculos, grecas, un eclipse, Venus... ¿Por qué esta relación? La única posibilidad de conjugar estos elementos era que se anunciaba la fecha de un eclipse determinado, en relación con Venus.

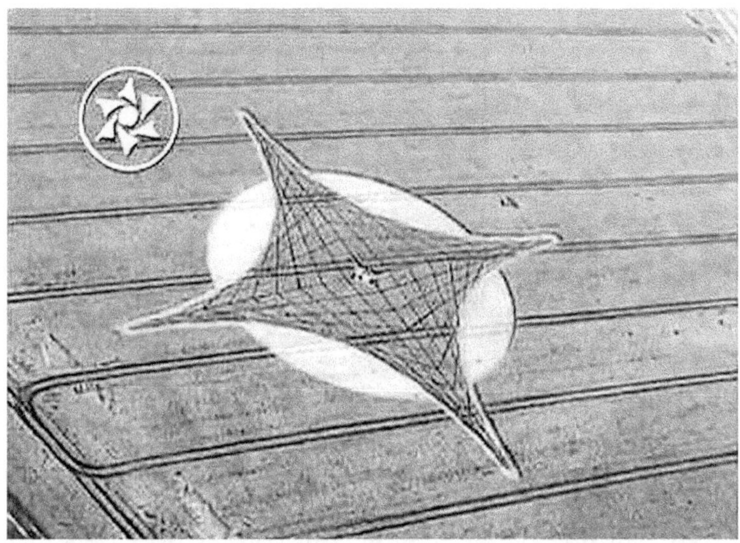

El 15 de agosto del año 2006 aparecía un diseño que representaba un nuevo avance en el fenómeno. Tras los dos años anteriores, el contenido maya de los mensajes principales siguió desarrollándose, porque apareció la siguiente figura: Lamat. El símbolo «Lamat» representa Venus para los mayas. El planeta Venus. Imagen cortesía de Maussán Producciones.

En el primer diseño hay 16 separaciones en forma de alas a la izquierda del anillo solar central. Este dato coincide con que 16 días después del eclipse de 2012, vaticinado por los científicos mayas con siglos de antelación, se producirá el tránsito de Venus delante del Sol, algo que obsesionaba especialmente al pueblo maya.

Año 2007: simbología apuntando al futuro

Tras este precioso diseño de 2006, en el año siguiente se resumiría básicamente el mensaje de los tres años anteriores en dos nuevas figuras.

La primera apareció en Wiltshire el 15 de agosto y consistía en otra referencia hacia el año 2012. Contando desde el propio 2007 faltaban aun 6 años para 2012. Bajo esta premisa apareció el número 6 en lenguaje maya. *Diagrama Vicente Fuentes.*

La segunda de las figuras consistía en otro círculo que parecía resumen de los anteriores, lo cual confirmaba realmente dos datos:

1. El eclipse próximo en el tiempo (dibujo de la Luna).
2. Confirmación de que es un calendario (marcas en los bordes).

Figura aparecida en Pewsey, Wiltshire, el 4 de agosto de 2007.
Diagrama de Berthold Zuegler.

Como podemos apreciar una vez más, el fenómeno apuntaba hacia sí mismo en unas auto-referencias constantes. Por otra parte, la estrella de nueve puntas del centro de esta última figura también apunta a una referencia de simbología hindú: el eneagrama. Según los griegos era un sistema psico-espiritual en la que cada una de las puntas es representativa de aspectos fundamentales del ser. Estaba basado en el culto de la vida interior, para llegar al autocontrol.

En la psicología del eneagrama existen nueve tipologías fundamentales que hacen posible la identificación de una personalidad completa. El simbolismo de la estrella de nueve picos apunta directamente a nuestra personalidad, y al culto de la vida interior para realizar un cambio. Sea cual fuera la intención de este diseño de 2007, el mensaje principal puede identificarse como un conocimiento exhaustivo de nuestra raza humana. La inteligencia que está detrás del fenómeno podría estar expresándonos su saber sobre nuestra cultura y sobre las diferentes personalidades que conforman nuestra sociedad. Es un mensaje que engloba, por tanto a todos los humanos, sean tímidos o impulsivos, sean positivos o negativos.

El fenómeno trasciende las diferentes maneras que tenemos de vivir la vida, y lo hace a través de una simbología que podemos identificar.

Año 2008 (parte I): estrella de siete puntas

El espectacular año 2008 mostraría algunas de las mejores maravillas vistas hasta el momento, y se hace realmente difícil destacar una de las figuras así que dividiremos esta sección en tres partes.

En esta primera haremos una mención especial a la figura de East Field que muestra una estrella de siete puntas con una extraña simbología en uno de sus brazos. En el centro de la figura podemos ver el símbolo que caracteriza a los «illuminatti», grupo de poder asociado a la teoría de la conspiración. La pirámide con el ojo en el centro.

Diseño aparecido en Alton Barnes, Wiltshire, el día 25 de agosto de 2008. Diagrama de B. Zugelder. www.cropcircle-archive.com

Que un símbolo de un grupo de poder capaz de estampar su sello en todos y cada uno de los billetes de un dólar realizados en la historia de los Estados Unidos aparezca en un *crop circle* no deja de ser un suceso extraordinario.

¿Pero que son esas marcas que aparecen en el brazo inferior? Si usted llegase a identificar estos símbolos estaría un paso por delante de los investigadores actuales del fenómeno. Aunque actualmente se piensa que esos símbolos están relacionados con la alquimia, las investigaciones siguen realizándose en distintas direcciones.

Año 2008 (parte II): señalando una fecha

Y entonces, el 22 de julio de 2008 apareció en Avebury esta figura:

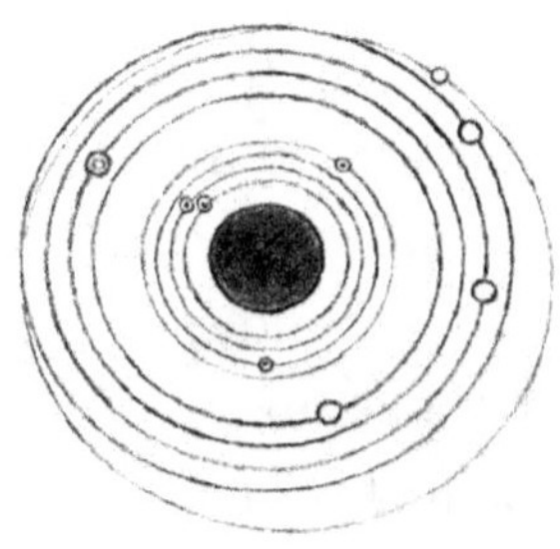

Este diseño es la siguiente parada de nuestro viaje, y se corresponde con un esquema del sistema solar. Era el Sol, junto con los nueve planetas del sistema solar, incluyendo detalles especiales, como una diferenciación de los planetas interiores (de trazo más fino), y de los exteriores, de trazo más grueso. También apareció la representación de la órbita elíptica de Plutón.

¿Que podía significar un esquema de los planetas de nuestro sistema solar? Los planetas tienen dos movimientos, uno de rotación sobre sí mismos, y otro de traslación, alrededor del Sol. Cada uno se mueve desde distintas órbitas y a cada día que pasan se mueven una distancia en su órbita. Lo que se quiere representar con este esquema es un día determinado de nuestro calendario en el que los planetas estarán exactamente en esta posición.

¿Y qué día podía ser? El planetario de Madrid confirma que los datos de la figura se corresponden exactamente con la posición de los planetas el día 21 de diciembre de 2012.

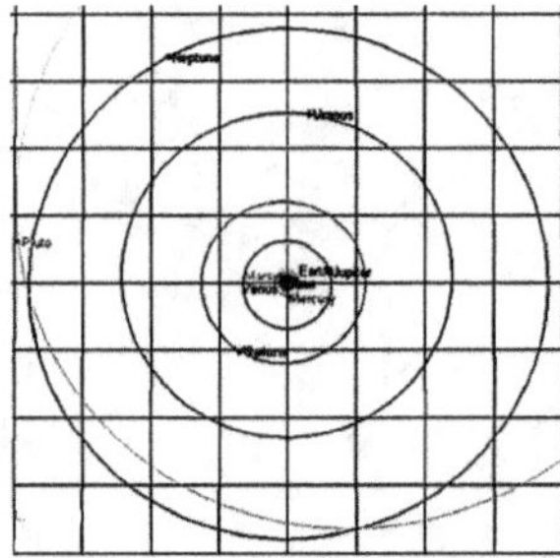

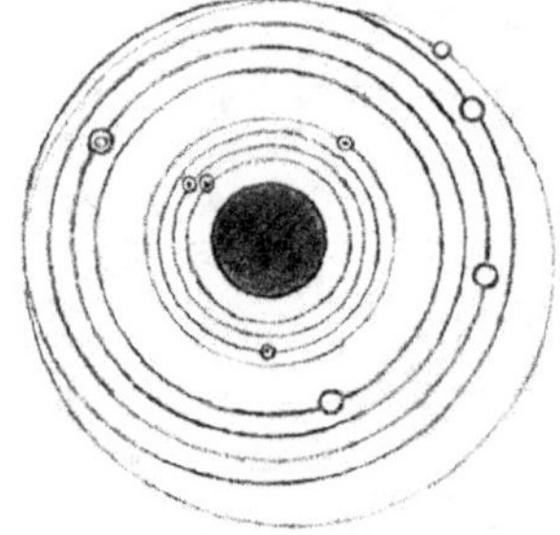

El 21 de diciembre de 2012, los planetas exteriores (Júpiter, Saturno, Urano, Neptuno y Plutón) se encontrarán en las mismas coordenadas que en el diseño del círculo del maíz. Fotografía proporcionada por el Planetario de Madrid. Diagrama: Vicente Fuentes.

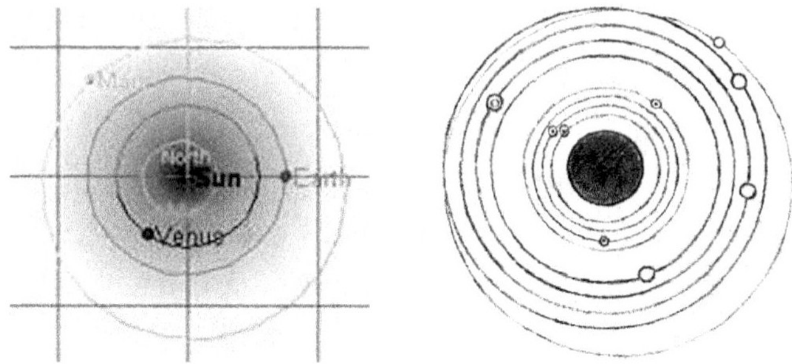

El 21 de diciembre de 2012, los planetas interiores (Mercurio, Venus, La Tierra, y Marte) estarán en la misma órbita que en el diseño del círculo del maíz. Fotografía proporcionada por el Planetario de Madrid. Diagrama: Vicente Fuentes.

Tres días después, el diseño creció y se amplió, al igual que ocurrió con el calendario maya de 2004.

La principal característica de esta ampliación se basa en el crecimiento del tamaño del Sol, que afecta a Mercurio y a Venus que ahora están dentro del Sol, y a la aparición del símbolo de un cometa (en lo alto del diseño), además de extraños símbolos con significado astronómico aún por determinar. Fotografía de Frank Laumen.

Si nos fijamos en el detalle superior del dibujo, encontramos un extraño objeto compuesto por tres círculos de diámetro creciente, presentado en la ampliación de las nuevas condiciones de la figura algunos días más tarde.

Esta representación ha sido tomada como la figura de un cometa entrando en el sistema solar. La razón para esa identificación la tenemos en la propia historia del fenómeno, que una vez más se abre como un libro para enseñarnos este peculiar idioma.

En el año 1994, días antes de la aparición del cometa Shoemaker Levy 9, aparecieron dos diseños similares al que aparece entrando en el sistema solar el día marcado del 21 de diciembre de 2012. Como dato a valorar, el cometa Shoemaker-Levy 9 impactó finalmente en Júpiter en 1994. ¿Qué significa esta expansión del diseño del sistema solar apuntando a una fecha? ¿Por qué ahora el Sol ha aumentado de tamaño, y Venus y Mercurio se encuentran dentro de su órbita?, ¿Cuál es el cometa que se ilustra en lo alto del dibujo, y qué relación puede tener con la Tierra? ¿Qué son esos símbolos de abajo? Y finalmente en una observación aun más exhaustiva, ¿sabía usted que todos los planetas exteriores están en la posición en la que estarán en 2012, pero Plutón aparece en la órbita en la que estará en 2036, siendo 2036 un año potencialmente peligroso por el paso de asteroides próximos a la Tierra?

Si usted es capaz de exponer alguna solución a este enigma, publíquela en su blog, mándela a revistas científicas o ufológicas, puede ser importante. El contenido de este mensaje es un verdadero misterio, y es sin duda trascendental. Es una clara indicación a dos fechas concretas, y posteriormente, hay una descripción de una serie de sucesos que acompañan a esas fechas. ¿Qué ocurrirá? Posiblemente nada que resulte un peligro, ya que solo se está representando un evento astronómico más.

Aunque claro, algunos investigadores, no dejan de pensar en el mensaje del DNI estelar aparecido en el año 2002. ¿Por qué decía «mucho dolor, pero aún hay tiempo (*much pain but still time*)»? ¿Tiene alguna relación con este diseño del sistema solar?

Como veíamos en el capítulo 1, el año 2009 se ha caracterizado básicamente por mostrar diseños que muestran inestabilidad en el Sol por el tema de la desaparición de las manchas solares. Si el año anterior, un círculo señalaba una fecha, y esa fecha se asociaba a algún tipo de influencia en Venus y Mercurio (los planetas más cercanos al Sol), entonces, ¿qué podemos esperar que pase? ¿Se trata de un evento menor, o de un evento más fuerte de consecuencias mayores?

El tiempo dirá, pero sin duda este diseño tiene alguna intencionalidad, señalando una fecha. Punto. A partir de aquí, es usted el que decide qué hacer con esta información.

Año 2008 (parte III): el CERN

Fotografía M. P.

Aunque se podrían escribir cien libros sobre cada sesión de *crop circles*, y que la información sobre este enigma parece infinita, no deja de ser remarcable la aparición de este diseño en Cheerhill, Wiltshire, el 7 de agosto de 2008. Su geometría de ocho lados, y la forma de sus curvas se asemejaba totalmente a los conductos del nuevo acelerador de partículas CERN, que iba a ser inaugurado en Suiza. Un pequeño apunte científico de actualidad que puede ser interpretado como un homenaje el desarrollo de nuestra ciencia, o como una advertencia.

Y llegamos a 2009, un año de confirmación del fenómeno en su crecimiento en número de casos. Este año se registraron nada menos que 119 círculos del maíz.

Año 2009 (parte I): estudio del Sol

Como consecuencia de nuestro desarrollo basado en los combustibles fósiles, el aumento de la temperatura de la Tierra siempre se ha relacionado con el incremento de la emisión de gases de efecto invernadero, como el dióxido de carbono (CO_2). Cuantas más industrias y coches tenemos, más contaminamos, y más calor hace en la Tierra. Estando relacionado este hecho, decir esta aseveración es decir la verdad de manera incompleta. Según el Panel Intergubernamental del Cambio Climático, el aumento de temperatura también depende del Sol, o más concretamente de las manchas solares. Así se les llama a las regiones de la corteza del Sol que se encuentran a menor temperatura que el resto de la estrella, y que presentan anomalías magnéticas.

En el año 2002, el diario *El país* publicó un reportaje en el que Ken Caldeira, doctor en ciencias atmosféricas del Laboratorio Nacional Lawrence Livermore (EE. UU.), explicaba en una de sus conferencias sobre el cambio climático que «se considera que el contenido de CO_2 en la atmósfera tiene relación con la luminosidad solar». Caldeira, según los datos que presentó, aseguró que «la respuesta del ciclo de dióxido de carbono (CO_2) al incremento del flujo solar es un aumento de la cantidad de éste en la atmósfera por la desgasificación del océano. En concreto, un 2% de incremento del flujo solar provoca una 10% de incremento del CO_2».

Esto quiere decir que si el Sol calienta más la Tierra por tener cambios en sus manchas solares, los océanos de la Tierra se calientan más, se evaporan más, y ese vapor de CO_2 se junta en la atmosfera con el que ya había por la contaminación, aumentando su proporción en gran medida.

Bien, pues según los fundamentos de la física teórica avanzada, ha podido demostrarse que las mayores variaciones en los envíos de energía del Sol a la Tierra coinciden con los ciclos de aparición de las manchas solares cada 11 años. Les estoy hablando del «Mínimo de Maunder». La última vez que se produjo una variación en ese ciclo coincidió con una miniedad de hielo que asoló Europa en el siglo XVIII.

Actualmente, según el IPCC, el ciclo de 11 años de Maunder está cambiando desde 1920, y el Sol está mostrando ciclos inestables de manchas solares, lo que puede ser una razón más que plausible para explicar la variación que está sufriendo nuestro clima además de las emisiones de efecto invernadero.

El hecho de que el ciclo de las manchas solares esté cambiando está alterando el clima, y está alterando los cultivos, con lo que se están adelantando las cosechas en todo el mundo, y con ello, el fenómeno de los círculos del maíz también se está presentando antes. Por poner un ejemplo, en el mes de junio de 2009 aparecieron en Inglaterra al menos 21 diseños auténticos, un 130% más que el año anterior. Ese año también se adelantaron las cosechas por los efectos del cambio climático. Y hasta aquí quería llegar; justo el año en el que las manchas solares están decreciendo, justo en la época en la que se está tomando conciencia de los cambios en la temperatura por los cambios en el Sol, el fenómeno de los *crop circles* nos volvió a regalar un guiño de información astronómica sorprendente, a la par que científico relacionada con el astro rey.

El tema de las manchas solares fue el tema principal de 2009. A la inteligencia que está detrás del fenómeno, no se le escapa la importancia que tienen las manchas solares en nuestra vida, y lo que podría significar para el futuro de la humanidad.

Lo cierto es que el emisor de los siguientes círculos del maíz pudo adivinar antes de que lo hiciera la NASA y la ESA, dónde y cuándo iba a aparecer la mancha solar más importante de todo el año 2009. Le explicaré el sutil modo que tiene este fenómeno de exponer esta información:

1. El día 8 de agosto de 2008 apareció un gigantesco 8 de 350 metros de diámetro realizado con círculos.

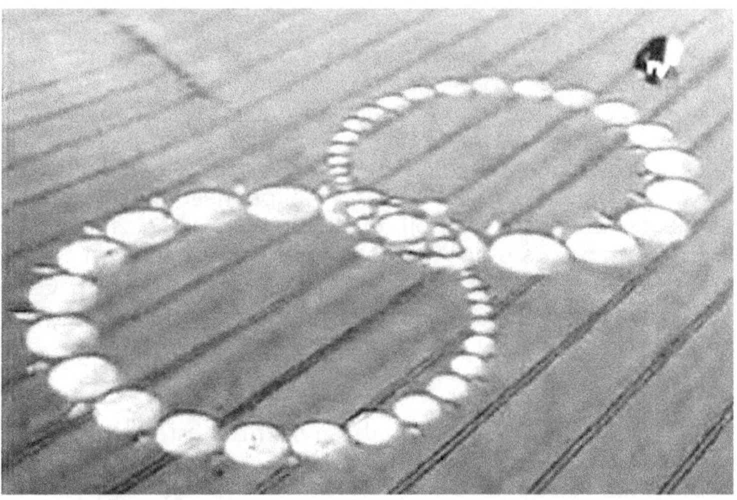

El gran 8 infinito hecho solo con círculos, de más de 350 m de longitud, realizado la madrugada del día 8 de agosto de 2008, es una clara referencia al conocimiento de nuestra cultura y a nuestro calendario. Imagen Maussán Producciones.

2. El día 9 de mayo de 2009 apareció en Swindon, Wiltshire una formación con doce círculos rodeando a uno central.

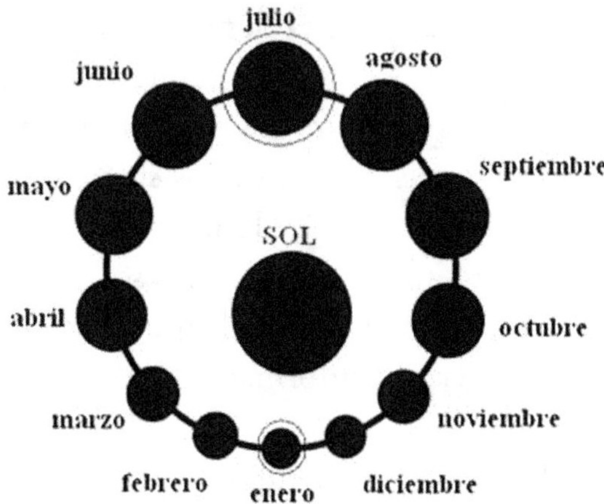

Esta fotografía tiene un círculo central y 12 circunferencias de menor a mayor tamaño. Las circunferencias hacen una circunferencia exterior que es más próximo al centro por un lado que por el otro. Las 12 circunferencias se identifican con los meses del año. Y si nos damos cuenta, hay una circunferencia muy grande y otra muy pequeña. Esto corresponde al afelio (máximo alejamiento de la Tierra al Sol) y al perihelio (máximo acercamiento de la Tierra al Sol). El círculo que marca el afelio es el más grande. Este hecho señala ese mes de julio, en el que el máximo alejamiento se producirá. Ese es el mensaje. Se señalaba un mes exacto de nuestro calendario. El mes siete. El número 7.

Pero… ¿de qué nos estaba avisando este diseño? ¿Qué ocurriría en julio? Pronto lo sabríamos.

3. El día 2 de julio de 2009 apareció en Wiltshire la siguiente figura:

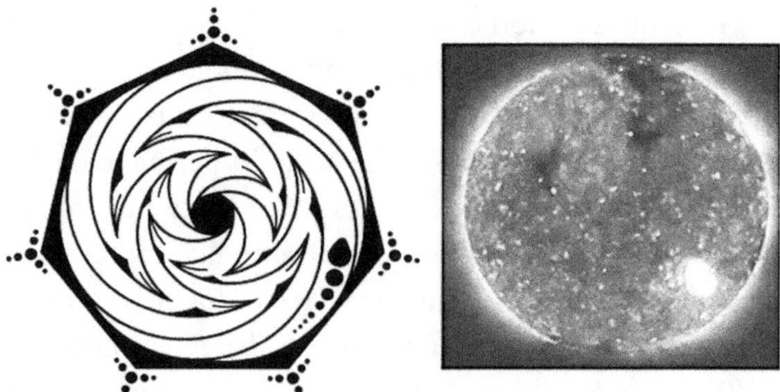

Izquierda: orientado hacia el norte, el dibujo con geometría heptagonal mostraba el número 7 sin cesar. Fíjese que la parte de los 7 círculos progresivos de la parte inferior derecha del círculo, coinciden con la posición de la gigantesca mancha solar que apareció el 7 de julio de 2009 (a la derecha). Foto NASA (Libre de derechos). Diagrama de Berthold Zugelder.

Un círculo con movimiento rotatorio encerrado en un heptágono con siete lados, con siete puntos en cada vértice, con siete picos interiores, y con siete círculos (redondeados en la foto). Al igual que el primer diseño, el número siete estaba siendo la referencia del dibujo, pero ¿cómo relacionarla con una fecha?

4. En ocasiones este maravilloso fenómeno tiene una verdadera voluntad de resultar lo más claro posible. Esta última figura que gritaba el 7, apareció en el mismo campo en el que el año anterior había aparecido un gigantesco ocho, exactamente el día 8/8/08. La figura que gritaba el 8.

Si se quería anunciar una fecha, poner el diseño allí era la mejor manera de que lo entendiésemos. Al aparecer en el mismo campo, existe una relación entre el diseño del siete y el gran ocho. ¿Es una casualidad que ambos diseños aparecidos en el mismo campo, con un año de separación, señalen una fecha?

Piénsenlo un momento: en un año en el que la ausencia de manchas solares se está demostrando que están variando el clima de la Tierra, en mayo, adelantándose la aparición de los círculos, aparece una figura similar al afelio/perihelio de la Tierra señalando el mes de julio, el mes siete y poco más tarde, antes de que nadie pueda saberlo, se expone una representación que prácticamente grita el número 7 en todos sus trazos, en el mismo campo en el que el año anterior apareció un enorme 8, el 8/8/08. Se mostraba el 7 en el mismo sitio en el que apareció el gran 8 el día 8 del mes 8. ¿No estaría representando esto a la fecha 7/7?

La mancha solar se originó, tal y como había adelantado el *crop circle* el día 7/7, exactamente en la misma posición del Sol, y originó la erupción de material solar más grande de la que la NASA ha estudiado en los últimos años. Esta serie de círculos del maíz nos estaba previniendo de un comportamiento anormal del Sol un día concreto, en un sitio concreto del Sol.

Juzgue usted mismo la intencionalidad de estos hechos. Parece una historia de ciencia ficción, pero estos acontecimientos están ocurriendo en la realidad. El fenómeno de los círculos del maíz relaciona desde avisos al comportamiento del Sol, hasta guiños que demuestran el conocimiento de nuestro calendario.

Avisos y fechas. Continuamos en el viaje porque el fenómeno, aun tiene cientos de sorpresas más para ustedes.

Año 2009 (parte II): escritura jeroglífica desconocida

Y llegamos al siguiente shock en el fenómeno. El diseño más importante de 2009, además de los diseños que antecedían la presencia de manchas solares el día 7 de julio, apareció durante tres noches distintas, ampliándose una vez más para ir captando nuestra atención e ir explicando un mensaje determinado. El lugar de aparición estaba a pocos metros del círculo del 7/7 y del gran ocho del año anterior, tenía también relación con la aparición de la mancha solar del 7 de julio de 2009. Atención a la manera de explicar la fecha:

1. Día 21 de junio de 2009 Alton Barnes, Wiltshire, Inglaterra

Coincidiendo con la fecha del solsticio de verano, al principio apareció un óvalo con unas extrañas marcas alrededor reportado a las 4:30 de la mañana del día 21 de junio.

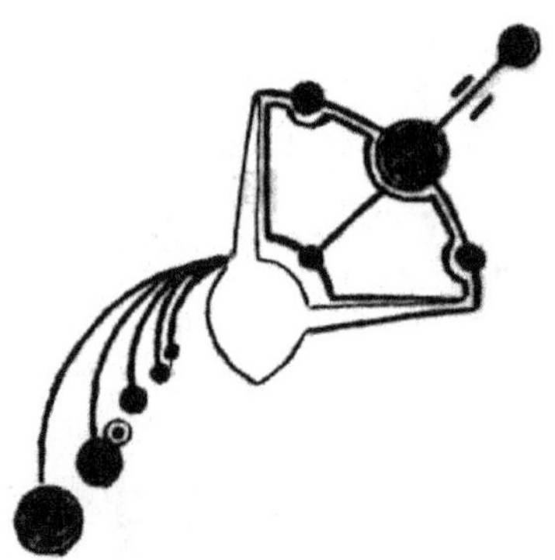

Dibujo: Vicente Fuentes.

Aquel diseño fue interpretado como un sextante, un instrumento usado en la antigüedad para poder medir la altura de los cuerpos en el firmamento, teniendo como base la línea del horizonte, y los ángulos de separación entre un cuerpo y otro. Fíjese en que tiene los dos brazos y las tres esferas iguales, siendo el mismo instrumento que utilizó Hypatia de Alejandría (por ejemplo) para sus cálculos astronómicos.

La esfera grande representaría la Luna marcada en el sextante, el principal referente para el estudio de los demás cuerpos nocturnos.

Por otro lado, el instrumento es antiguo, como así lo es la representación de la Tierra, de manera ovalada. En estas primeras fotografías, apenas podía verse el extraño efecto que tenía ese ovoide en su construcción. En su interior, parecía que la formación presentaba una anomalía en forma de ojos almendrados.

Solo tendríamos que esperar unos días para ver como esos ojos se marcaban totalmente. La figura creció, y algunos detalles se ampliaron.

2. Día 25 de junio de 2009, Alton Barnes, Wiltshire, Inglaterra

A los 4 días el diseño creció. El óvalo ahora presentaba ahora dos elipses con formas de ojos, y ramificaciones acabadas en círculos de tamaño creciente.

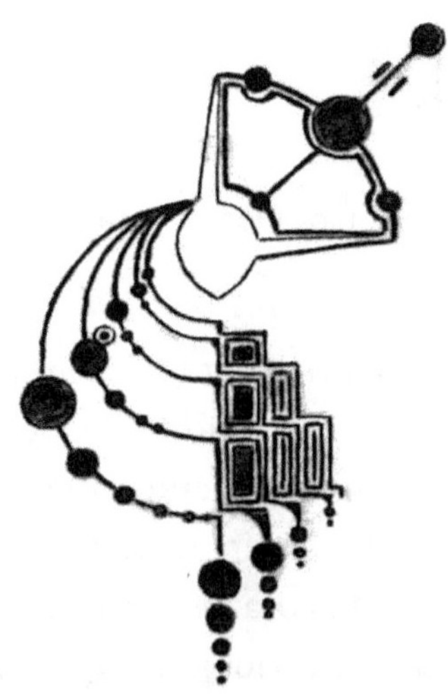

Dibujo: Vicente Fuentes.

Todo guarda una extraña simetría, proporción y exactitud en la figura. Era la primera vez que nos enfrentábamos a algo así. ¿Qué era aquello? ¿Porque la forma de las elipses de los ojos se marcaron aun más, como si fueran apareciendo progresivamente? Este es el detalle de los ojos:

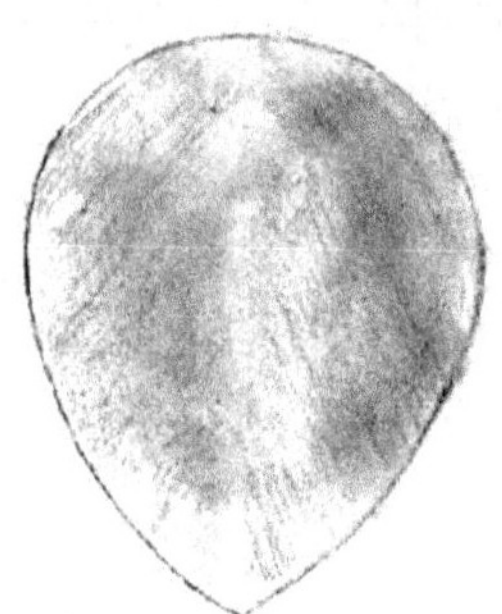

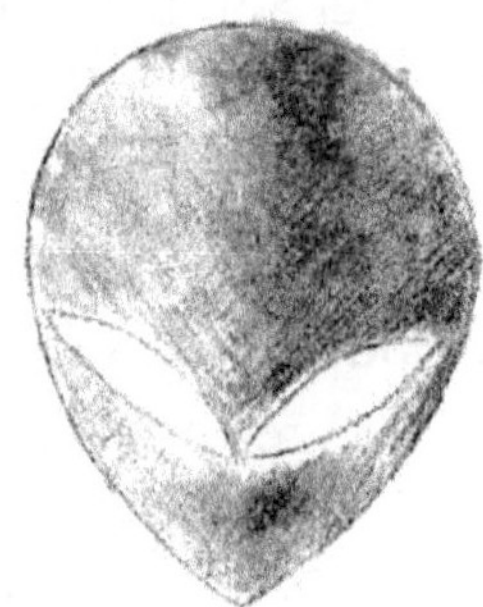

Dibujos: Vicente Fuentes.

Efectivamente, parece la representación de un extraterrestre, tal y como se ha descrito a lo largo de todos estos años en casos de encuentros del tercer tipo. Una característica principal de los testimonios de los testigos que han estado en contacto en un encuentro del tercer tipo, es la descripción de los llamados «grises» con una gran cabeza y ojos almendrados. Como habrá podido comprobar, los ojos son almendrados también en esta figura, y desde el primer día al segundo se han marcado más.

¿Qué significa esto? ¿Es una metáfora de la llegada de estos seres a la Tierra de forma progresiva? ¿Qué tipo de motivación podría tener esta sucesión de hechos? Aun quedaba por desarrollar toda la investigación de los nuevos brazos que expansionaban el diseño original, cuando aun no habíamos podido salir de nuestro asombro al encontrarnos con este detalle de los ojos.

Seguimos bajando en el diseño; ¿qué eran aquellos brazos que formaban la segunda parte de este diseño?

Algunos científicos del grupo de investigación de círculos del maíz de Inglaterra sugirieron que aquello era una representación de los planetas poniendo como centro la propia Tierra en vez del Sol. Esta teoría fue plasmada por el matemático y astrónomo griego Claudio Ptolomeo en sus sistemas de medidas astronómicas en la que se exponía el geocentrismo, teoría que no podía explicar el movimiento de las constelaciones, pero sí podía como se movían los demás planetas teniendo a la Tierra como referencia.

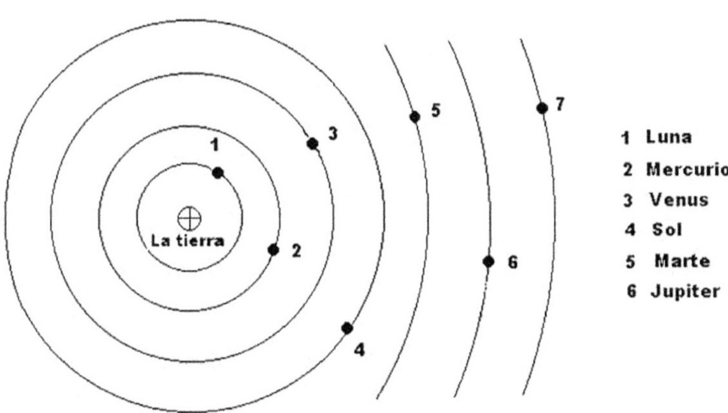

Ptolomeo proponía un modelo en el que la Tierra era el centro a partir del cual todos los planetas giraban a su alrededor. Dibujo: Vicente Fuentes.

Según esto, teniendo en cuenta que el objeto ovoide sería la Tierra y que cada uno de los brazos representaría la órbita de los planetas, el sistema se vería así representado sencillamente por números identificativos.

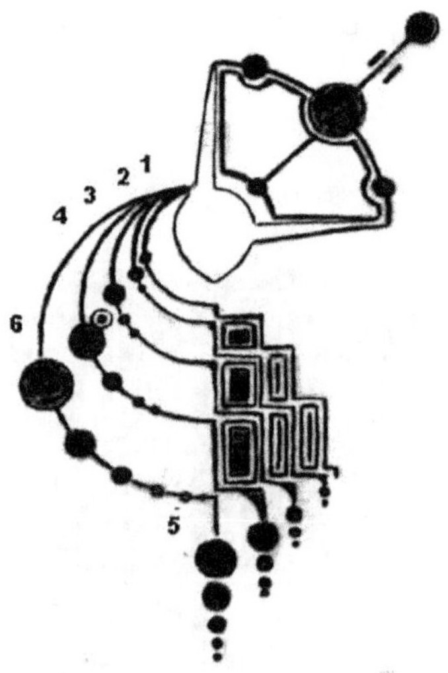

Dibujo: Vicente Fuentes.

Con esta figura y la anterior, relacionamos los números de los planetas vistos desde la Tierra.

Y entonces, ¿qué serían esos cuadros que aparecen como continuación de las líneas de los planetas?

Si relacionamos el sextante de arriba con la representación de los planetas, tenemos una genial manera de exponer los datos a través de cuadrados.

Si nos fijamos hay dos tipos de cuadros. El primero de la parte izquierda, el más saliente tiene en su interior una línea, y los demás tienen un cuadrado en su interior. La línea sería un signo negativo y el cuadrado un signo positivo

Si relacionamos la altura de cada uno de los cuadrados con la altura que presentaban los planetas un día en concreto, tenemos que cada cuadrado representa el ángulo de inclinación de cada uno de los planetas del sistema de Ptolomeo, medidos con un sextante un día concreto del calendario. ¿Y qué día podía ser?

Calculando las proporciones de los cuadrados, tenemos las siguientes medidas:

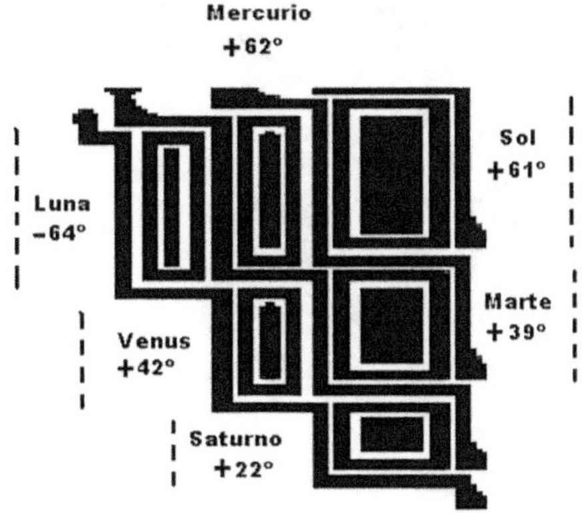

Dibujo: Vicente Fuentes.
Mercurio+62°, Luna -64°, Venus +42°, Saturno +22°, Marte +39°, El Sol +61°.

Se representaba genialmente un sistema de ángulos para delimitar la presencia de los planetas según la línea del horizonte a 51° Norte, que es donde apareció el diseño, en la provincia de Wiltshire.

Comparando con la siguiente tabla de la NASA:

	21 de Junio	1 de Julio	4 de Julio	5 de Julio	6 de Julio	**7 de Julio**	8 de Julio	9 de Julio
Luna	+60	-27	-55	-61	-64	-63	-58	-51
Mercurio	+54	+60	+61	+62	+62	**+62**	+62	+63
Sol	+62	+62	+62	+62	+61	**+61**	+61	+61
Venus	+37	+40	+41	+41	+42	**+42**	+42	+42
Marte	+39	+39	+39	+39	+39	**+39**	+39	+39
Saturno	+13	+19	+21	+21	+22	**+22**	+23	+23
Jupiter	-29	-35	-37	-38	-38	**-39**	-40	-40

Tabla de altitudes de los planetas para la latitud 51 GRADOS Norte, Longitud 0 GRADOS oeste (WILTSHIRE).

Los días que se corresponderían con estas medidas serían según los datos de los ángulos de los planetas publicados por la NASA, los días 6 y 7 de julio de 2009.

Justamente se señala el mismo día que se presentó la mancha solar de este verano, y en conjunción con los anteriores diseños que también marcaban y señalaban esta fecha, como veíamos en el apartado 1. Impresionante a todas luces.

Día 30 de junio de 2009, Alton Barnes, Wiltshire, Inglaterra

A los 4 días, el diseño siguió creciendo con símbolos jeroglíficos que parten de los círculos que salen de los cuadrados que muestran las altitudes de los planetas.

Es el segundo círculo del maíz más largo de toda la historia, y se estima que su longitud abarcaría 3 estadios de fútbol, 450 metros, casi medio kilómetro de extensión.

Dibujo: Vicente Fuentes.

¿Es usted capaz de descubrir qué significan todos estos signos? Las últimas investigaciones apuntan a una mezcla entre símbolos de diferentes culturas: la egipcia, la maya o la sumeria, entre otras, en una conexión a todas luces enigmática.

Se han propuesto teorías de todo tipo, desde diagramas eléctricos hasta las anteriormente citadas simbologías. Sin duda destaca por encima de todas, la línea de abajo, con una especie de dibujo asemejándose a un templo piramidal maya, y

El crop circle de más de 500 metros de longitud apareció en tres fases distintas en Alton Barnes, Wiltshire, 21, 25, y 30 de junio de 2009. Fotografía de Frank Laumen.

la representación de una serpiente a su derecha (¿símbolo de su dios Quetzalcóatl?), que acaba en una espiral cuadrada, también maya. Eso es lo que se baraja en estos momentos. ¿Identifica usted algo más?

Para mayor sorpresa aún, este diseño no vino solo. El día 27 de junio, entre la segunda y la tercera fase del mega-diseño astronómico del sextante y de Ptolomeo, apareció esta figura en los campos de Alton Priors, en Wiltshire:

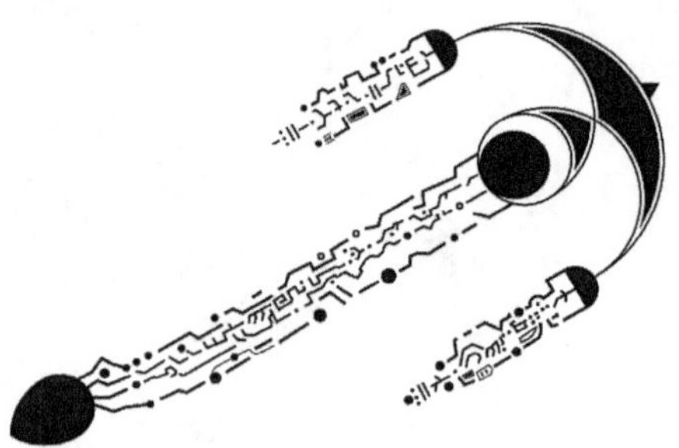

Esta vez, la figura apareció de una pieza, mostrando una media luna superior con forma de pájaro, una representación de un eclipse, y tres brazos llenos de símbolos que se alargan en dirección opuesta.

Aquí puede observar un esquema de lo que significa este nuevo diseño (derecha).

Los senderos exteriores de cada brazo, marcados de una manera más profunda en el campo, y representados con mayor grosor fueron rápidamente identificados con puntos del firmamento según el CMM. Estrellas y constelaciones. Al final del brazo del medio aparecía de nuevo una cara con dos ojos almendrados, y no se tardó mucho en relacionar tanto los jeroglíficos como la cara con el anterior diseño.

Año 2009 (parte III): vuelven los motivos mayas

Por si no fuera suficiente con la información aparecida en aquella increíble sesión de 2009, entonces en la famosa montaña de Silbury Hill, la cual hemos estudiado en anteriores capítulos, el día 5 de julio, apareció la siguiente figura:

Imagen cortesía de Maussán Producciones.

Números mayas, plumas, grecas mayas, el símbolo del eclipse, e incluso una parte clara en zigzag, recordando exactamente la representación del dios Quetzalcóatl de los mayas. El código fue investigado por los científicos del CMM Research, y aun hoy la investigación está inacabada.

Año 2010 (parte I): el vertido de BP

¿Qué me dirían si les dijese que el vertido de la petrolera BP ocurrido el día 22 de abril de 2010 fue pronosticado por los *crop circles* tres años antes?

Comencemos la nueva secuencia de acontecimientos:

1. El día 16 de julio de 2007 apareció en Hintons Downs, Bishopstone, Oxfordshire, la siguiente figura.

Dibujo Vicente Fuentes.

2. El día 19 de julio en Martinshell Hill, cerca de Oare, aparecía el siguiente diseño.

Diagrama de B. Zugelder. www.cropcircle-archive.com

La primera de las fotografías se identificó con el comportamiento exacto en el agua que tienen las moléculas que forman el petróleo (hidrocarburos formados por carbonos e hidrógenos además de diferentes compuestos sulfurosos). El segundo de los diseños se le comparó inmediatamente con el logotipo de la compañía British Petroleum, sin haber sido ella la responsable de su creación. Era un *crop circle* verdadero que mostraba la imagen de una compañía petrolera y era la primera vez en la historia que aparecía una información de este tipo. Nos estaban avisando de un vertido de esa compañía exactamente, en lo que se ha demostrado la peor catástrofe natural ocurrida en el océano de la historia.

3. El día 12 de junio de 2012, apareció cerca de Combe, Wiltshire el siguiente diseño:

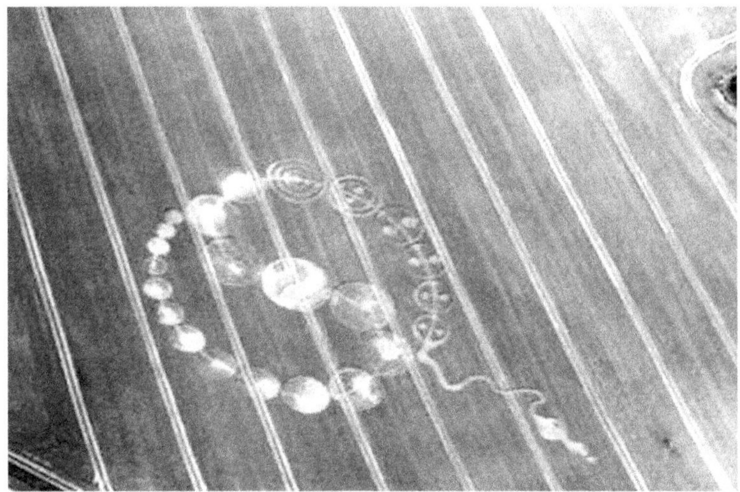

Fotografía: Vicente Fuentes.

De una manera muy sutil, la parte final de este *crop circle* indicaba el cauce EXACTO del río Mississippi, en su desembocadura en el golfo de México, indicando el lugar exacto del accidente. Realizar el dibujo del cauce de un río en su desembocadura sin error en un campo de maíz es un mero sueño para los seres humanos, dada la apabullante dificultad que conllevaría. La secuencia de comunicación se había completado, pero la decodificación llegó tarde.

Año 2010 (parte II): el rostro

Tal y como hemos hablado anteriormente, el día 30 de julio de 2010 en los alrededores de la autopista M4 aparecieron estos dos *crop circles* gemelos:

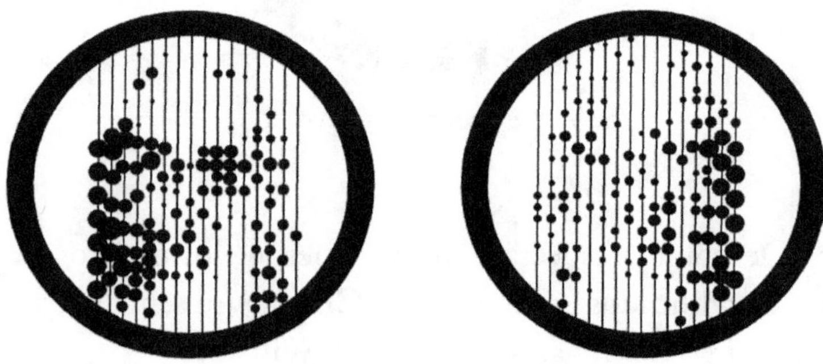

Diagramas de Berthold Zugelder.

Las respuestas de los investigadores cuando se juntaron ambos diagramas no se hizo esperar. ¿Un rostro? Acaso esos puntos eran coordenadas del hemisferio norte para el primer diseño y del hemisferio sur para el segundo. La investigación sigue en marcha, pero lo que sí es cierto es que no son pocos los investigadores los que aseguran ver en este impresionante *crop circle* doble la imagen de la sábana santa de Turín.

Año 2010 (parte III): códigos matemáticos

El día 1 de junio de 2008 apareció el número PI, en un sencillo código decimal basado en alturas y secciones de circunferencia. Un antecedente claro de lo que íbamos a ver durante el verano de 2010:

www.cropcircle-archive.com

De manera espectacular aparecieron dos códigos matemáticos codificados en lenguaje ASCII y en un sencillo lenguaje decimal en dos lugares distintos de Wiltshire:

Diseño aparecido en Oare, Wiltshire, el día 21 de junio de 2010.
Diagrama cortesía de www.cropcircle-archive.com

Este *crop circle* representaba exactamente el número PHI (1,6083399), razón universal dentro de todas las ciencias, y número que sirve de proporción tanto en la escala planetaria (la forma de una galaxia crece a razón de PHI), como a escala microscópica (la espiral de los caracoles de mar tiene el número PHI en su proporción. Es llamado la razón áurea y el número mágico por su infinidad de apariciones en el desarrollo de la vida natural.

Por otro lado, en Wilton Windmill apareció este otro código en lenguaje ASCII:

Diagrama cortesía de www.cropcircle-archive.com

Tenía forma de disco, y exponía la ecuación e^ipi+1=0: la ecuación de la belleza acuñada por el matemático Euler, que incluía los cinco campos de las matemáticas más importantes de nuestra ciencia.

Dos mensajes completamente simbólicos con respecto a nuestro lugar en la Tierra y en el cosmos, realizado sobre campos donde era absolutamente imposible vislumbrar el resultado final sobre el terreno.

Año 2010 (parte IV): despedida hacia el 2012

El último gran hito de este impresionante año 2010 fue una vez más un símbolo maya. Este pentágono con grecas, simbolizaba el final del quinto sol, apuntando directamente hacia el 21 de diciembre de 2012, quién sabe si por alguna razón en especial o por un mero recuento de fechas, ciclos solares, y ciclos galácticos.

Diagrama cortesía de www.cropcircle-archive.com

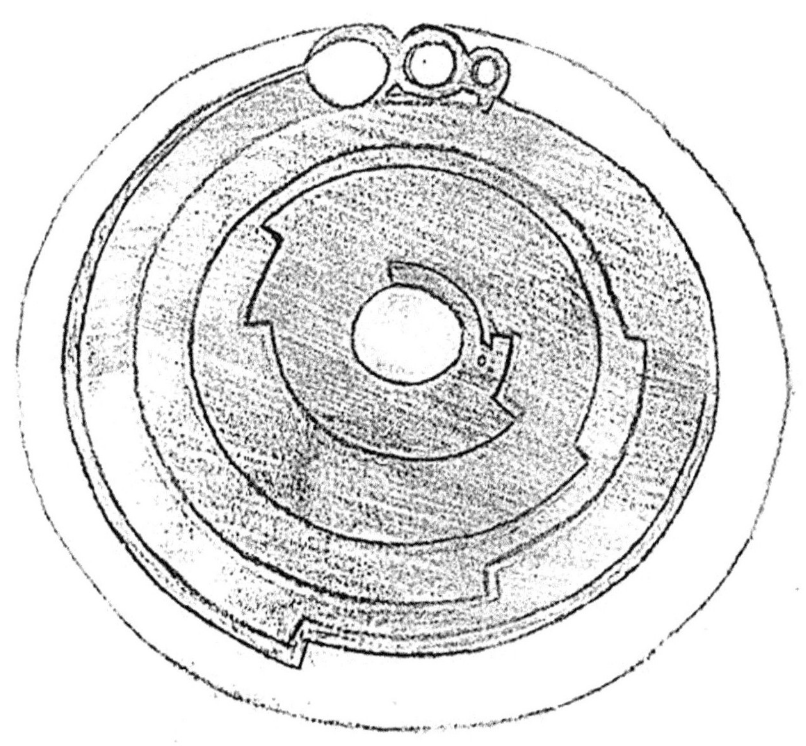

Capítulo 4
HITOS MENORES DEL FENÓMENO

Tras el gran contenido informativo de los mensajes principales de los últimos años, vamos a analizar otros *crop circles*, que sin ser los mensajes principales, también merecen ser nombrados en el fenómeno:

El sistema solar sin la Tierra

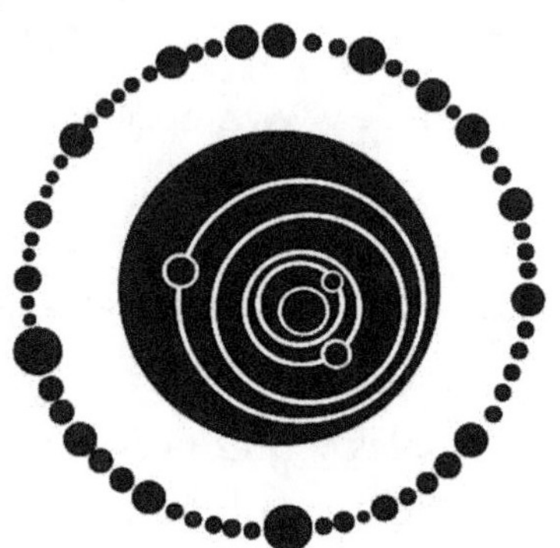

Diagrama cortesía de www.cropcircle-archive.com

Cuando apareció esta figura el día 26 de junio de 1995, los investigadores más agoreros temieron que el mensaje pudiera ser la destrucción de nuestro planeta por alguna causa.

Nada más lejos de la realidad, porque lo que mostraba este *crop circle* era la localización por donde iba a pasar el asteroide Swachssman-Watchmann unos meses más tarde (concretamente en septiembre de 1995). El razonamiento se basaba en la posición en la que debería haber estado la Tierra en ese diagrama y en la aparición de anteriores referencias a cometas y asteroides durante ese año 1995.

Rejilla de semanas para el año 2012

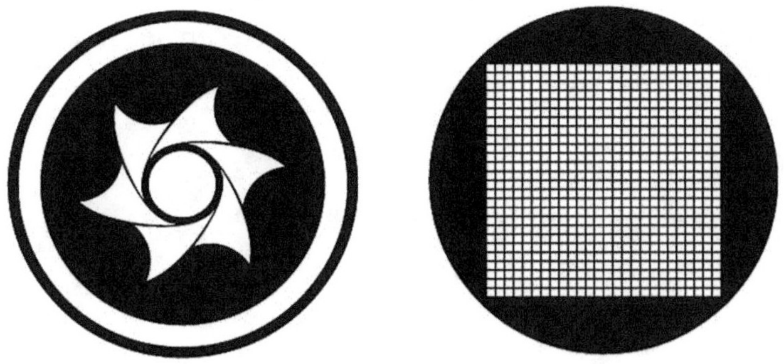

Diagrama cortesía de www.cropcircle-archive.com

El día 1 de agosto de 1997 aparecieron en Etchilhampton, Wiltshire, estos dos diseños. El primero era una rejilla que tenía 26 líneas horizontales y 30 líneas verticales. El segundo era una representación del Sol con 6 brazos.

El mensaje que se consiguió decodificar consistía en que faltaban 780 semanas (30x26 semanas) para el inicio del sexto sol del calendario maya en 2012. Una nueva alusión a esta temática tan recurrente en el fenómeno.

Simbología nuclear

Diagrama cortesía de www.cropcircle-archive.com

El día 23 de agosto de 1999, en Allington, Wiltshire, apareció este increíble diseño de temática nuclear. Este diseño se relacionó con la inminente apertura de una central nuclear en Irán, la cual se pospuso durante más de 11 años, y como un aviso a la comunidad internacional sobre los usos que se le da a esa energía.

Un ciclo de Venus

Diagrama cortesía de www.cropcircle-archive.com

El día 24 de julio de 2000 apareció en Silbury Hill este diseño de estrellas que se ha identificado como un contador de los ciclos del planeta Venus. El movimiento de traslación del planeta Venus completa 5 ciclos de 8 movimientos que han sido identificados en el fenómeno como las formas pentagonales, y si se dan cuenta, una de las estrellas tiene uno de sus palos en diferente posición. En aquel momento, y según el calendario Sol-Venus de los mayas, quedaba un movimiento para completarse un ciclo.

El astrolabio

Diagrama cortesía de www.cropcircle-archive.com

El día 25 de julio de 2001, en Gog magog Hill, Cambridgeshire apareció este espectacular *crop circle* mostrando el diseño de un astrolabio, instrumento astronómico utilizado hace siglos en la navegación. Las interpretaciones han sido de las más variadas, desde un apunte al conocimiento —por parte de la inteligencia que está detrás de los *crop circles*— de nuestra civilización desde hace siglos, o incluso una manera de expresar un mensaje a través de uno de nuestros códigos e instrumentos. Lo cierto es que el astrolabio mostraba tres formas de eclipses, unas dentro de otras, y 75 barras representando tres ciclos distintos de eclipses, cada uno de 25 días. A modo de curiosidad, se encontraron unas preciosas flores rojas en algunas partes de este diseño que no fueron afectadas por la energía formadora del *crop circle*. Un detalle ciertamente singular.

El primer calendario maya

Diagrama cortesía de www.cropcircle-archive.com

Aunque hemos hablado durante los anteriores capítulos de la simbología maya, realmente podemos hablar del primer comentario al respecto por parte de los *crop circles*, el día 3 de junio de 2001, en Wakerley Woods, Wiltshire. Este círculo de 18 partes, y 9 segmentos es estudiado actualmente siguiendo la manera de contar el tiempo de la civilización maya.

La cadena de ADN

Diagrama cortesía de www.cropcircle-archive.com

El día 28 de agosto de 2002, en Crooked Soley, Wiltshire, también apareció este *crop circle* mostrando una representación tridimensional de nuestra cadena de ADN. Aparte del mensaje inherente de conocimiento de nuestra genética, lo que realmente impresiona de este diseño es la manera de representarlo. La rejilla necesaria para confeccionar cada uno de los cuadrados posee una gran dificultad de realización, más aun si sigue funciones logarítmicas en su construcción, como es el caso.

El trylobites

Diagrama cortesía de www.cropcircle-archive.com

Este animal prehistórico fue representado de manera absolutamente magistral en un campo de maíz en Pewsey, Wiltshire, el 17 de junio de 2002. Las curvas matemáticas representadas son perfectas, y la interpretación que se le ha dado a este diseño son de lo más variado: tanto un conocimiento de nuestra más remota antigüedad por parte de la inteligencia que está detrás del fenómeno, como una demostración matemática de la razón áurea, así como un canto a la naturaleza.

La galaxia

Diagrama cortesía de www.cropcircle-archive.com

El día 4 de julio de 2002, en Stonehenge apareció este precioso diseño identificado como una galaxia. Su representación tridimensional, su colosal tamaño, y la delicadeza de sus trazos hacen de este diseño uno de los *crop circles* más bellos de todos los tiempos. Su emplazamiento no es casual: Stonehenge. ¿Acaso este *crop circle* representa el centro de nuestra galaxia? ¿No sería lo mismo que buscaba el constructor de Stonehenge? Una vez más, difíciles preguntas y difíciles respuestas, en la mano del lector.

Conjunción de Venus

Diagrama cortesía de www.cropcircle-archive.com

De nuevo la astronomía como protagonista de los *crop circles* y de nuevo Venus. En este diseño aparecido el día 18 de julio de 2003 en Wiltshire, se mostraba la geometría pentagonal propia del movimiento alrededor del Sol de Venus, y un pentágono que envolvía a la figura, simbología que se ha identificado como conjunción para estrellas o planetas.

El escarabajo egipcio

Diagrama cortesía de www.cropcircle-archive.com

El día 21 de agosto de 2005 apareció en Alton Priors, Wiltshire, este excepcional diseño con simbología egipcia: el escarabajo. El simbolismo claro de este *crop circle* se basaba en que era símbolo de renacimiento para el pueblo egipcio, y representación del dios Jepri (que era la forma terrenal que tomaba el dios Ra, dios del Sol). Renacimiento y Sol. Llegados a este punto, entonces, ¿cuál sería el mensaje inherente de este *crop circle*? ¿Qué tendría que pasar en la Tierra, o qué tendríamos que experimentar los seres humanos para que se produjese un renacimiento de nuestra raza? ¿Y qué tiene que ver con el Sol o con la cultura de los egipcios?

EL CD

Diagrama cortesía de www.cropcircle-archive.com

El día 7 de agosto de 2005 en Shelbourne apareció esta increible figura mostrando exactamente la imagen de un dispositivo de almacenamiento tipo CD, girando a toda velocidad. Partiendo de la magistral recreación del movimiento lograda en este *crop circle*, podemos ver que el significado es el conocimiento de nuestros códigos binarios en nuestra aun arcaica informática. Un conocimiento que ha sido demostrado en el fenómeno en 2002 en Winchester con el dibujo del humanoide, y en 2010 en Windmill Hill con la ecuación de Euler.

El halo del asteroide

Diagrama cortesía de www.cropcircle-archive.com

Este diseño tridimensional aparecido en Lane End Down, Winchester, el 10 de junio de 2005, mostraba el halo del cometa 17P Holmes tras su explosión en 2007 a su paso por la constelación de Perseo —ilustrada por los diferentes puntos del exterior del círculo principal—. Otro extraordinario *crop circle* con una capacidad predictiva completamente impensable para cualquier ser humano ya que la información se suministraba dos años antes de que esa explosión efectivamente ocurriese. ¿Quién podía prever la explosión de un cometa sin saber nada de él? ¿Cómo podría saber exactamente que explotaría a su paso por la constelación de Perseo, habiendo cientos y cientos de constelaciones en el universo? ¿Cómo podría saber, como así se demostró, que la explosión produciría un halo?

Continuemos estudiando y disfrutando en el inquietante enigma de los *crop circles.*

Las cuerdas entrelazadas

Diagrama cortesía de www.cropcircle-archive.com

El día 21 de junio de 2006, en Martham, Norfolk, apareció esta gran figura de dos cuerdas entrelazadas entre sí de manera tridimensional. El mensaje se ha identificado como una señal de unión posiblemente entre la inteligencia que realiza estos diseños y los que los observamos, es decir nosotros, los seres humanos. Sin duda, un diseño cargado de emotividad ya que la idea de unión es un mensaje positivo, dentro de la incertidumbre que puede crear en la raza humana este fenómeno.

El caleidoscopio

Diagrama cortesía de www.cropcircle-archive.com

El día 17 de agosto de 2007, en West Overton, East Kennet, Wiltshire, apareció este espectacular diseño caleidoscópico representando exactamente el diseño de la flor de la vida, un símbolo de armonía y cultura para todas las civilizaciones antiguas. El mensaje que se está estudiando actualmente tendría que ver con un toque de atención ante el actual comportamiento del ser humano contra sí mismo, y contra la naturaleza, además de una posible referencia al conocimiento de la humanidad desde que esas mismas civilizaciones andaban sobre la Tierra. Un mensaje de aviso, de esperanza y de conocimiento sobre nuestra raza.

La estrella de las estrellas

Diagrama cortesía de www.cropcircle-archive.com

Otro ciclo de Venus representando los números 5 y 8, vitales en el estudio del movimiento del referido planeta apareció el día 26 de julio de 2007, en Chute Causeway, Wiltshire. Como característica matemática más importante tenemos la fractalidad representando una geometría estrellada, cuyo nivel de dificultad de representación es una autentica odisea.

La maravillosa mariposa

Diagrama cortesía de www.cropcircle-archive.com

El título, sin duda, valga la redundancia, hace honor a este *crop circle* aparecido en Hailey Wood, Ashbury, Oxfordshire, el día 16 de julio de 2007. En una sesión extraordinaria como la de aquel año, este diseño basado en parábolas que se cruzaban con circunferencias fue identificado inmediatamente como el *crop circle* que indicaba el cambio. Un cambio metafórico, una transformación como la que vive un gusano convirtiéndose tras una oscura etapa en una mariposa, es uno de los principales motivos y temáticas de los *crop circles* a lo largo de toda su historia. Pero ¿un cambio de qué? ¿De mentalidad?, ¿un cambio en la Tierra? ¿Un cambio en el Sol? Quizá sea usted el que sepa interpretar toda esta serie de hechos.

Un mandala perdido en el maíz

Diagrama cortesía de www.cropcircle-archive.com

La compleja figura de tipo «mandala» aparecida el día 17 de julio de 2007 en Cliffords Hill entraba dentro de la enciclopedia del conocimiento que muestra el fenómeno de los círculos del maíz. Este tipo de diseños son estudiados en Asia desde hace milenios siendo símbolos de espiritualidad y paz. Un mensaje positivo a todas luces. Algunos investigadores también han atribuido a este diseño las mismas características del diseño de la «flor de la vida» estudiada anteriormente.

Quetzalcoatl

Diagrama cortesía de www.cropcircle-archive.com

De entre los cientos de diseños del fenómeno, llaman la atención los referidos a la cultura maya, y a su dios Quetzalcoatl, en forma de sombreros de tres puntas, en forma de simbología del planeta Venus o en forma de de plumas, todos ellos símbolos que le representaban en numerosas facetas de esta apasionante cultura mejicana. Venus, un planeta que obsesionaba especialmente al pueblo maya, aparecía representada en esta espectacular estrella, y no aparecía sola. La cruz cristiana que hemos visto anteriormente en el capítulo sobre la «posible» realización de estas figuras por entes «divinos», apareció exactamente en el mismo campo el mismo año, para indicar que se hablaba de lo mismo: un dios, en este caso, el dios principal de los mayas.

Los pájaros

Diagrama cortesía de www.cropcircle-archive.com

El fenómeno de los *crop circles* no deja de hacerse autoreferencias constantemente. ¿Se acuerdan del segundo diseño jeroglífico estudiado en 2009? Su parte superior en forma de gran pájaro moviéndose, aparecía el año anterior en Alton Priors, Wiltshire, el día 22 de julio de 2008. Este diseño fue realizado en dos etapas al igual que el primer jeroglífico que estudiábamos en el año 2009, y la primera etapa mostraba la línea central de tres círculos, identificados con formas de eclipses, y conjunciones con la Luna que iban a producirse en 2008. Unos días después, la figura se amplió mostrando los tres pájaros superiores y los tres inferiores. ¿Estaban realmente vaticinando metafóricamente (tal y como la haría una paloma mensajera), el gran mensaje jeroglífico de 2009? Lo cierto es que también en 2003 apareció un diseño de similares características, lo que hace pensar en que la inteligencia que está detrás del fenómeno de los *crop circles*, ha planeado esta sucesión de acontecimientos con bastante antelación. Es un gran plan de comunicación dirigido hasta en el más mínimo detalle.

Volta

Diagrama cortesía de www.cropcircle-archive.com

Quizá el *crop circle* más necesario de toda la historia apareció en Avebury, Wiltshire, el día 1 de julio de 2008. En estos momentos se estudia la posibilidad de que este esquema pertenezca a un diseño de producción de energía libre, siguiendo el testigo de otra formación de 2004. Imagínense que este *crop circle* tiene la llave para la energía del futuro, para salvar al planeta de la destrucción de la contaminación. ¿No sería de recibo que la ciencia estudiara sus fundamentos? Este *crop circle* es maravilloso y triste a la vez, ya que mostraría un conocimiento que cambiaría a la humanidad en toda su dimensión, y que por el contrario, ha sido olvidado como tantas y tantas maravillas en estos campos perdidos del suroeste de Inglaterra.

El diseño lunar de Corea del Sur

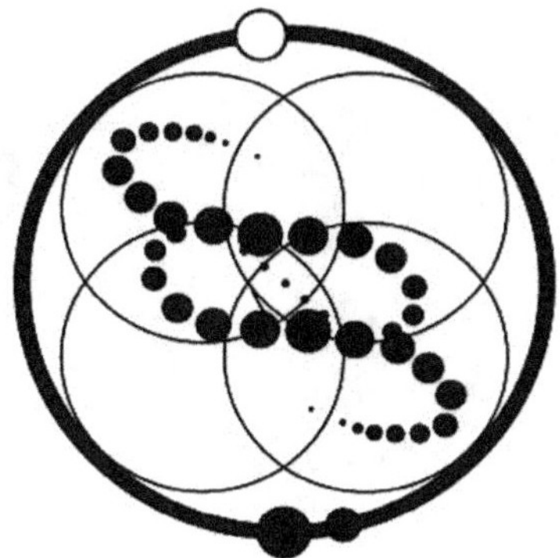

Diagrama cortesía de www.cropcircle-archive.com

Las fases de la Luna volvieron a ser estudiadas en este gigantesco *crop circle* aparecido en Corea del Sur, en Asia. La particularidad de su estudio, tantas veces estudiado en el fenómeno radica en su localización geográfica mostrando el mismo acabado en estas plantas de cultivo de arroz, que en el maíz. Una característica que permite clasificar al fenómeno de los *crop circles* como totalmente impredecible en algunas facetas.

El búho

Diagrama cortesía de www.cropcircle-archive.com

Este extraordinario y complejo *crop circle* que parecería mostrar geométricamente la figura de un búho, apareció el día 10 de agosto de 2009, en Wodborough Hill, Wiltshire. El simbolismo de este animal en el fenómeno ha sido identificado como la sabiduría y según otras interpretaciones como la nocturnidad, dos características básicas de este fenómeno. También se le ha relacionado con uno de los grupos de poder en la sombra (los illuminatti), cuyo símbolo de sabiduría también era un búho.

Cometa aproximándose

Diagrama cortesía de www.cropcircle-archive.com

El cometa 88P/Howell a su paso por el Sol, apareció cuatro meses antes en Ogbourne, St. Andrew, Marlborough, Wiltshire, el día 29 de julio de 2009. Sin duda, el estudio de los cometas por parte de la inteligencia que hace los *crop circles* y su gran propósito de ilustrar cualquier peligro en forma de asteroide que pudiera amenazar la Tierra es un puntal básico del fenómeno desde 1994.

Capítulo 5
HIPÓTESIS Y ENSAYO SOBRE EL FENÓMENO

5.1. Concepto de comunicación aplicado a los círculos del maíz

Finalizamos esta primera parte del libro basada en la exposición de los hechos y las explicaciones dadas actualmente por los científicos para adentrarnos en una hipótesis que pueda ser entendida por todo tipo de lector, sea cual sea su origen, personalidad y credo.

El increíble fenómeno de los círculos del maíz acaba de entrar en su vida, seguramente para no irse nunca más. ¿Cómo poder ignorar una obra de semejante mensaje, de semejante calado social? Imagínese por un momento la cantidad de personas a las que van dirigidos estos mensajes. Gente como usted o como yo, seres humanos perdidos en este planeta sin saber muy bien cuál es la respuesta a nuestro origen como raza, al significado de todas esas estrellas, y galaxias del firmamento, al conglomerado de sucesos que acontecen en este loco mundo. Toda la humanidad es la receptora de los secretos de los círculos del maíz.

Y no es para menos. Este fenómeno es una comunicación directa con un código matemático, un contexto basado en terrenos de cultivo, un canal basado en las plantas donde aparecen las figuras, un significante en su forma, y lo más importante, un significado en su contenido. Tiene todas las pautas de lo que llamamos «comunicación» en nuestra sociedad.

Cada círculo del maíz es apasionante y basa su autenticidad en que cada mensaje es único y cada uno expresa un concepto profundo. Además, sus propias características exponen un cuidadoso sistema de captación de atención hacia ese mensaje. Y le explicaré por qué.

La hipótesis que se baraja a tenor de los cientos de testimonios de testigos recopilados durante los últimos treinta años, y sobre todo con los mensajes de 2001, 2002 y 2009 se basaría en un intento de contacto de una civilización extraterrestre muy evolucionada (tener el conocimiento de viajar grandísimas distancias por el universo expone un nivel tecnológico abrumador a nuestros ojos), consistente en repetir maravillas año a año en una región de la Tierra en particular. Un sistema de captación de atención basado en la repetición sistemática y progresiva. Al principio solo lo sabrían unas pocas personas afectadas e investigadores locales. A medio plazo (aquí es donde nos encontramos ahora), investigadores de todo el mundo comenzarían a estudiar y relatar los hechos, y algunos científicos comenzarían a decodificar los mensajes. A largo plazo, en el futuro... bastantes incógnitas: ¿quién puede saber a ciencia cierta lo que deparará el destino de los círculos del maíz?, ¿sabremos en algún momento la verdad absoluta de lo que está pasando con los medios de comunicación que ignoran este hecho?

¿Podremos saber en realidad el verdadero significado y la intención de este fenómeno? Y la gran pregunta: ¿habrá algún día en el que toda la humanidad se fije en los incidentes de Wiltshire? Una cosa sí está clara. A tenor de los datos, el fenómeno se va expandiendo en calidad, cantidad, simbología y complejidad.

Sé que es difícil admitirlo de primera mano sino está usted familiarizado con los acontecimientos en el tema OVNI de los últimos años, pero la hipótesis extraterrestre está más extendida entre los investigadores y en las altas esferas de lo que podría pensar en un momento. Y eso ocurre, para bien o para mal, y está oculto entre los nudos y los poderes que manejan nuestra sociedad.

Permítame hacerle un breve resumen de los mayores incidentes relacionados con estos objetos voladores no identificados que juegan al gato y al ratón con nosotros, incidentes de los que por supuesto usted posiblemente no haya oído nunca hablar.

Por ejemplo: ¿se acuerda usted de las bombas nucleares que EE. UU. lanzó sobre Hiroshima y Nagasaki en 1945? A partir de ese momento de la historia, el número de avistamientos OVNI se multiplicaron por todas las naciones del mundo y si lo piensa un momento no es para menos. Si una civilización extraterrestre que conociese cómo funciona la energía nuclear, su poder y su devastación al mismo tiempo, detectase la presencia de explosiones nucleares en nuestro sistema solar, sería lógico que al menos se acercasen a echar un vistazo. Les interesaría, sin duda ver lo que las hormiguitas han llegado a hacer para destruirse entre ellas.

El problema básico es que con esta capacidad nuclear el mundo tal y como lo conocemos podría quedar reducido a cenizas en un solo minuto, pulsando ese fatídico botón rojo. Eso es algo que como civilización no debemos hacer, no podemos hacer, pero nuestro desarrollo tecnológico ha llegado a ese punto fatídico de desarrollo donde esa opción ya es más que posible. Quizá el estallido de las bombas nucleares fue un aviso de que necesitábamos ser controlados en nuestro descontrol. Una llamada de atención en medio del cosmos avisando de nuestro peligro hacia nosotros mismos y hacia nuestro propio planeta. Estos aspectos son importantes para marcar un inicio, un punto de partida inicial para las oleadas modernas de ovnis y los incidentes que han ocurrido, de los que los *crop circles* no son más que un pétalo de una flor inmensa.

Aunque el fenómeno es tan antiguo como la propia humanidad, sin duda las explosiones nucleares y el comienzo de la era de los avistamientos masivos de ovnis van unidos de la mano. Les interesaba lo que estaba pasando. Habíamos pasado a ser peligrosos de verdad, y el peligro detectado conllevaba una observación por parte del visitante ajeno. Había que vigilar aquella esfera azul tan bonita. Algunos de sus animales amenazaban con destruirla entera.

A partir de ese momento se han sucedido sin cesar casos de objetos voladores no identificados en todos los países del mundo, todos los años, hasta el mismo día de hoy en el que con seguridad alguna persona en algún lugar de la Tierra estará viendo un OVNI auténtico. Esta afirmación es preciosa y desconcertante al mismo tiempo pero es lo que está ocurriendo en estos momentos, tal es la actividad a nivel mundial.

Habrá oído también alguna vez hablar sobre lo que pasó en Roswell en 1947. Un presunto objeto volador que se estrelló violentamente en el desierto de Nuevo México; un incidente que podríamos denominar perfecto y bizarro al mismo tiempo por el uso continuado que se le ha dado y su misticismo entre la comunidad de investigadores, y periodistas en general.

Pero fue solo un incidente real más dentro de este teatro de apariciones en medio de la nada, flotando en el aire desde un pedestal hasta que toca a la sociedad en determinados momentos. Han ocurrido más casos Roswell de los que usted cree.

Si usted supiese todo lo que ha ocurrido en el asunto de los ovnis en los últimos sesenta años se echaría las manos a la cabeza, porque Roswell es la punta del iceberg, como diría el gran J. J. Benítez. Vamos a explicar lo que ha pasado hasta el momento en una cronología simplificada (por decirle un 1 % de lo que ha ocurrido).

Relación de casos antes de Hiroshima

- Datado 10.000 años antes de Cristo, tenemos la aparición de un disco en Nepal con inscripciones de un ser humanoide similar a los humanoides grises de 1,20 metros de los actuales testimonios de personas que afirman haberlos visto y similares al principal *crop circle* de 2002.
- 8000 a. C.: aparición en las cuevas de Tassili, Argelia, de pinturas rupestres con objetos voladores y humanoides con botas y casco. Teniendo en cuenta que las civilizaciones más antiguas solo reflejaban con sus pinturas lo que era más importante para ellos (sus escenas de caza), resulta especialmente interesante observar el hecho de que también incluyeran figuras antropomorfas imposibles, y objetos en el cielo que no se asemejan al Sol y a la Luna. Incluso hay una pintura en la que se ve un objeto aterrizado abduciendo a personas, incluyendo una mujer embarazada, yendo todos de la mano. El gran humanoide representado está unido al objeto mediante un cordel, un conducto, que bien podría representar un suministro del especial aire que pudiera respirar. Aunque esa sería una teoría libre digna del mismísimo Von Daniken, esas pinturas están ahí, y no muestran detalles normales.
- 8000 a. C.: confección de una pintura rupestre de humanoides con escafandras, parecidas a las que llevan los astronautas, en Vela Camónica (Italia).
- 5500 a. C.: representaciones muy extrañas de humanoides antropomorfos en Sego Canyon, Utah (Estados Unidos).
- 5000 a. C.: petroglifo rupestre encontrado en 1966 en Querétaro, México, mostrando un objeto anómalo en

el cielo y cuatro figuras con los brazos levantados en el cielo.

- 5000 a. C.: cueva de Wandjina (Australia) con figuras de humanoides similares a la del *crop circle* de 2002. Uno de los mejores testimonios OVNI grabados en piedra de la historia.
- 4000 a. C.: figura en miniatura de un astronauta en Kiev, Ucrania.
- 3500 a. C.: menciones de la civilización sumeria a dioses venidos del cielo en extraños objetos.
- Año 900 d. C.: menciones en grabados de una «rueda ardiente» que surcaba los cielos en Japón.
- Año 1350: recreación de dos naves tripuladas en una pintura del monasterio de Dekani en Kosovo, en la antigua Yugoslavia.
- 14 de abril de 1561: testimonios de avistamientos masivos sobre Núremberg, Alemania. Hans Glazer realizó un grabado de lo acontecido en el que parece que los objetos se disparan entre sí. La pintura muestra objetos alargados absolutamente similares a los que se graban hoy día en México DF, los llamados EBANIS.
- Año 1680: aparición de una moneda en Francia con la inscripción un objeto gigantesco con forma de rueda sobre los cielos.
- 1716: en el mes de marzo de 1716 en Inglaterra, el famoso astrónomo Edmond Halley, quien descubriera el cometa que hoy lleva su nombre, observó en el cielo una serie de objetos aéreos extraños. Uno de ellos iluminó el cielo durante más de 2 horas.
- 1783: avistamiento en el castillo de Windsor, Inglaterra de un objeto, que quedó inmortalizado en un grabado.
- 1826: campo de Criptana, Ciudad Real, avistamiento de un bólido celeste.

- 1882: Edgard Walter Maunder del Greenwich Royal Observatory, en Londres, observó el 17 de noviembre de 1882 un extraño objeto ovoide con movimientos extremos y luminosidad propia con su telescopio.
- 1904: el 28 de febrero de 1904 el teniente Frank Schofield y dos operarios más del USS Supply avistaron desde su barco 3 gigantescos objetos ovoides de color rojo a 300 millas de San Francisco.
- 30 de junio de 1908: caso Tunguska, en el que un objeto desconocido procedente del espacio estalló en el cielo de Siberia provocando una explosión nuclear de 20 megatones. La explosión fue tan grande que en Londres se podía leer el periódico por la noche por la gran luz provocada por este impacto. Los 80 kilómetros de onda expansiva en una explosión provocaron un estruendo que llegó a oírse a más de 1.000 kilómetros de distancia.
- 1913: avistamientos de luces anómalas no identificadas en Las Hurdes, España.
- 1917: el misterioso incidente de Fátima, Portugal, lleno de referencias a avistamientos de OVNIS. El incidente ha sido considerado como apariciones marianas, obviando interesadamente las menciones a las luces vistas en el cielo durante aquel extraño incidente.
- 1942: batalla de Los Ángeles, en la que en pleno conflicto global, el ejército de los Estados Unidos intentó derribar —sin éxito— un objeto desconocido aparecido en la costa de Los Ángeles. Ninguno de los disparos de las defensas antiaéreas o de la flota de aviones desplegados afectaron lo más mínimo al objeto, que se mantuvo inmóvil sobre la ciudad durante horas.
- 1945: durante toda la Segunda Guerra Mundial se produjeron avistamientos en ambos bandos de los llamados

Foo Fighters (bolas incandescentes de luz con movimiento inteligente) cerca de los aviones de combate.

Relación de casos después de Hiroshima

- 2 de junio de 1947: incidente Roswell.
- Medianoche de 5 de marzo de 1946: muerte de Joao Prestes, campesino de Sao Paulo, Brasil en extrañas circunstancias, tras un encuentro con un OVNI.
- 24 de junio de 1947 a las 15:00: primer incidente OVNI público en plena guerra fría. Avistamiento de Kenneth Arnold en Estados Unidos, mientras que sobrevolaba el monte Rainer en el estado de Washington.
- 21 de junio de 1947: en la Isla Mauri, frente a la costa de Tacoma, avistamiento de seis gigantescos objetos volantes de unos 600 metros de diámetro por parte del guarda costero Harold Dahl.
- 30 de diciembre de 1947: James Forrestal, secretario de estado de EE. UU., inicia el Proyecto Signo, dedicado al estudio oficial del tema OVNI por parte del Ministerio de defensa de los EE. UU.
- 7 de enero de 1948: Thomas Manthell, héroe de la Segunda Guerra Mundial y piloto de un F-51, muere por despresurización tratando de identificar un misterioso objeto metálico de gran tamaño a 6.000 metros de altitud en el estado de Kentucky.
- Marzo de 1950: más de 100 avistamientos en España.
- 31 de marzo de 1951, el comandante de un avión DC-10, Jack Adams, en un vuelo desde Memphis a Little Rock, avista un objeto anómalo provisto de una luz blanca. Estuvo tan cerca que incluso pudo atisbar las ventanillas en el objeto.

- 4 de abril de 1952: inicio del Proyecto Libro Azul, nuevo estudio oficial del tema OVNI por parte de las autoridades americanas. A finales de 1954 ya había estudiado 1593 casos OVNI.
- Medianoche del 19 y el 20 de julio de 1952: aparecen al menos 10 ovnis sobre la Casa Blanca y el capitolio, en Washington (la capital de los Estados Unidos). Los OVNIS se llegaron a mover según los radares de la USAF a 11.500 km/h. Curiosamente después de esta presentación «oficial», 50 años después, apareció la famosa figura del humanoide y el disco en el polémico *crop circle* de 2002 en Winchester, Inglaterra, en lo que podríamos llamar la segunda presentación «oficial».
- 1952: el caso de la criatura de Flatwoods, Estados Unidos, y los avistamientos de OVNIS en toda la comarca, los cuales sumieron a esta pequeña localidad en un clima de caos e incertidumbre durante ese año.
- Septiembre y octubre de 1954: cientos de avistamientos en Francia.
- 1954: Aimée Michel, descubre alineamientos y patrones inteligentes en las pautas de movimiento de los objetos relacionados con el fenómeno OVNI en Francia. Estos descubrimientos fueron acuñados en un término: Ortotenia.
- 1954: Italia; Jean Carlo Di Anversa de 57 años desapareció entre el 8 y el 10 de diciembre asegurando a su vuelta haber sido abducido por dos humanoides que cambiaron de forma en varias ocasiones. Di Anversa jamás cambió la versión de los hechos.
- 1954: el caso de Marius Dewilde en Valenciennes, Francia.
- 1954: caso de Antoine Mazaus en Millevaches, Francia, ambos durante la serie de encuentros del tercer tipo

que se dio durante la oleada de OVNIS que azotó al país galo ese año.

- 1955: incidente de la granja de los Sutton, en Kentucky, Estados Unidos, en el que una familia fue asediada en su propia casa por objetos y criaturas desconocidas en una noche interminable de miedo y disparos.
- 1957: oleada de avistamientos en Japón. El 20 de agosto en la playa de Fujisawa, Shinichi Takeda pudo observar y fotografiar en dos ocasiones un objeto de forma discoidal. El objeto fue visto por cientos de personas.
- Medianoche del 15 de octubre de 1957: el caso de abducción de José Antonio Vilas Boas, campesino de Brasil, un caso más dentro de los graves incidentes de aparición de luces con comportamiento inteligente en este país.
- 16 de enero de 1958: imágenes de un platillo volante desde el crucero brasileño de adiestramiento Almirante Saldaña, en la Isla Trinidad, Brasil. Unas fotografías estudiadas por el ministerio de defensa de Brasil, el cual finalmente admitió —por primera vez en la historia militar moderna—, la existencia de este tipo de objetos anómalos.
- 1959: corta oleada en Papúa, Nueva Guinea, con 79 casos OVNI. El mejor caso fue el del 26 de junio, con un objeto circular con base ancha que fue observado por 38 testigos durante media hora. Durante las siguientes dos horas, los testigos siguieron viendo objetos de distintas formas.
- 1 de mayo de 1960: un avión espía americano U2 fue derribado sobre terreno ruso provocando una gran crisis internacional porque Moscú no admitía su participación en los hechos. Dos años después el piloto del

citado U2, Francis Gary Powers (que saltó en paracaídas salvando su vida), expuso que un objeto anaranjado explosionó su avión tras inutilizar a distancia su mesa de mandos.

- 24 de mayo de 1961: avistamiento del astronauta ruso Jenedy Mihailov en el espacio a bordo de una cápsula de lanzamiento. Uno de los primeros casos en los que los astronautas avistaban OVNIS en el espacio.
- 1961: abducción de Betty y Barney Hill en New Hampshire, Estados Unidos, una de las abducciones más estudiadas de la historia.
- 20 de febrero de 1962: el astronauta John Glenn aseguró haber sido perseguido por un objeto con un brillo similar al de «miles de luciérnagas en el espacio» cuando hacía su reentrada en la atmosfera.
- 24 de mayo de 1962: el astronauta John Carpenter fotografió a bordo de su cápsula Aurora-7 a diferentes objetos que rodeaban su nave mientras orbitaba la Tierra.
- 3 de octubre de 1962: el astronauta Walter M. Schirra, vivió un incidente parecido al de John Glenn con decenas de OVNIS escoltando su capsula espacial.
- 24 de abril de 1964: el caso del policía Lonnie Zamora en Socorro, Nuevo México (EE. UU.), el cual tuvo un encuentro cercano con un ovni en forma ovalada y dos seres de baja estatura que parecían examinar el objeto. El OVNI dejó huellas que fueron investigadas por los científicos del anteriormente mencionado Libro Azul. Este caso fue el primer caso de encuentro por humanoides admitido por el gobierno de los Estados Unidos.
- 1964: incidente similar de Gary Wilcox, de 24 años el mismo día, en Tioga, Nueva York.
- 10 de diciembre de 1964: un OVNI aterrizó en la base militar de Fort Lay, Kansas, Estados Unidos. Los mili-

tares tras varias horas de observación procedieron a incautarse del objeto.

- 3 de julio de 1965: los astronautas Ed. White y James McDivitt pudieron fotografiar mientras sobrevolaban Hawái a un objeto anómalo que emitía una fuerte luz y que realizaba maniobras que desafiaban las leyes aerodinámicas. El objeto se presentó muy cerca de las ventanillas de su cápsula.
- 1 de agosto de 1965: los astronautas Gordon Cooper y James Conrad fotografiaron a otro extraño objeto que se situó en el exterior de su cápsula.
- 1965: caso de encuentro del tercer tipo de Maurice Masse, en Válensole, Francia.
- 16 de septiembre de 1965: avistamiento de Antonio Felices de un gigantesco objeto tetraédrico en Valladolid, España. El objeto fue fotografiado por Felices, y fue visto por más de 300.000 personas.
- 1965: apagón de Nueva York relacionado con avistamientos de OVNIS sobre centrales eléctricas en el estado.
- 1965: accidente de un objeto volador no identificado en Kecksburg, Pennsylvania.
- 1966: el caso del llamado OVNI de Manchester, Inglaterra, captado por los radares del ejercito inglés y por aviación civil.
- 1967: caso Ignacio de Sousa, en Brasil.
- 1967: avistamiento de humanoides en Cussac, Francia.
- 1967: avistamiento del Mothman en Point Pleasant, Virginia (EE. UU.)
- 2 de abril de 1967: en South Hill, Virginia, R. N. Crauder ve un objeto cilíndrico despegar de manera vertical desde el asfalto de una carretera. Los cálculos del científico y ufólogo Josep Allen Hynek, mostraban un peso de cientos de toneladas del objeto.

- 3 de junio de 1967: la tripulación de un avión de entrenamiento de las Fuerzas Aéreas Españolas, avistó un inmenso objeto de forma piramidal invertida a la altura de Talavera de la Reina, España. Aquel incidente provocó el despegue de dos cazas F-86 en misión de intercepción.
- 8 de septiembre de 1967: en Alamosa, Colorado, se da el primer caso de mutilación de ganado. Los animales mostraban heridas quirúrgicamente realizadas, y extracciones de medula ósea. Se descubrieron marcas en el terreno y se demostró que las mutilaciones eran simultáneas a las apariciones de OVNIS en las zonas protagonistas de estos hechos.
- 13 de mayo de 1968: en Sabiñánigo, Huesca, España, se producen avistamientos de objetos triangulares durante más de tres horas. 24 horas después, se volvió a ver este mismo objeto en Barcelona. El objeto fue identificado por los aviones de combate del ejército español, y fotografiado por decenas de testigos.
- 15 de mayo de 1968: la aparición del famoso OVNI de Madrid formado por tres cuerpos paralelos y alargados a 3.000 metros de altitud y la aparición de otro gigantesco objeto piramidal sobre Barcelona, hacen despegar a dos cazas de la base aérea de Zaragoza, a dos cazas americanos de la misma base, y a otros dos cazas de la base de Torrejón.

En la misma mañana, un avión inaugural comandado José Luis Gaona, en trayecto Málaga-París, observa a la altura de La Rioja, a 18.000 metros, un objeto esférico de 100 metros que fue video-grabado por José Luis Retuerce, uno de los periodistas que iba a bordo de aquel vuelo. La filmación fue incautada por el ejército español, y jamás se ha vuelto a saber nada de ella.

- 4 de noviembre de 1968: Juan Ignacio Lorenzo Torres, pilotaba un avión Caravelle en un vuelo Londres-Alicante cuando, en pleno vuelo, avistó tres esferas azules-doradas a 10 metros del morro de su avión, con las cuales inició una comunicación binaria encendiendo y apagando las luces del avión. Los ovnis fueron captados en radares militares.
- 2 de noviembre de 1968: en los Alpes, un médico francés cuyo nombre no ha trascendido por expreso deseo del testigo, avistó un OVNI con forma de plato, el cual inundó de luz su casa tras realizar extrañas maniobras. El médico tenía una lesión en su pierna producida en la guerra de Argel, que se curó tras el avistamiento de aquel OVNI. Quince días después sobre el abdomen del testigo apareció una marca triangular rojiza, y un día después, esa misma marca apareció en el abdomen de su bebé, el cual dormía con el matrimonio en la misma habitación.
- 21 de julio 1969: según las comunicaciones oficiales con Houston, el astronauta Neil Armstrong avistó dos objetos cilíndricos huecos en la misión Apolo XI, durante la llegada del hombre a la Luna,
- 7 de mayo de 1970: en Vigo, España, se avistó un objeto metálico y plateado a gran altitud durante dos horas. El objeto tendría según los estudios científicos más de 300 metros de diámetro.
- 1970: el famoso «OVNI de Laguna de Cote» apareció en unas fotografías realizadas por un avión militar del ejército costarricense. El objeto tendría 6 metros de diámetro y habría salido del agua a una increíble velocidad de 900 kilómetros por hora.
- 4 de noviembre de 1970: dos cazas españoles a la altura de Soria persiguieron a un objeto ovalado, que cambia-

ba de posición y velocidad saltándose las leyes aerodinámicas.

- 1970: José Antonio da Silva, en el estado de Minas Gerais, Brasil aseguró haber sido abducido por unos extraños humanoides, cuando tenía 24 años de edad.
- 1972: comienzan a estudiarse los primeros diseños simples de *crop circles* en Inglaterra.
- 9 de marzo de 1974: el piloto italiano Gianni Acnelli, con 65 años de edad, y más de 41 años de experiencia, fue testigo en las afueras de Turín de un objeto anómalo en forma de tubo con anillos amarillos a su alrededor.
- 12 de junio de 1974: avistamiento masivo en el norte de España.
- 24 de noviembre de 1974: aparición de un OVNI sobre las islas Canarias. El OVNI, de forma esférica alcanzó los 1.000 kilómetros por hora según radares del ejército y aviación civil.
- 1974: el caso de Maximiliano Iglesias Sánchez, en España, enmarcada en la gran oleada OVNI de España durante los años 70. Cientos de casos más ocurrieron en aquellos años.
- 1 de enero de 1975: a la altura de Quintanaortuño, Burgos, un objeto con forma de cono flotando sobre una carretera se presentó ante cuatro soldados del ejército español.
- 2 de enero de 1975: polígono de las Bárdenas Reales, en Navarra. Ovnis troncónicos en terreno militar.
- 26 de agosto de 1975: Carolina del Norte. Sandra Larsson, y dos niños que viajaban en su coche, asegura haber sido abducida a las 4:00 a.m. tras haber sido testigo de un avistamiento ovni en su misma carretera. Un caso con tiempo perdido (no recordaban lo que había

pasado en los siguientes 90 minutos), y con un detalle demoledor. Tras el incidente los niños estaban sentados en lugares diferentes en el vehículo con respecto a cómo iban sentados al iniciar el viaje.

- 5 de noviembre de 1975: abducción del leñador Travis Walton y posterior desaparición durante cinco días.
- 22 de junio de 1976: impresionante fenómeno aéreo anómalo en Canarias. La serie de fotografías de «El gran OVNI de Canarias», quizá el caso más espectacular de la oleada de casos de ovnis que ocurrió en España desde 1974 hasta 1979, aun son algunas de las pruebas más fehacientes del fenómeno. El médico Francisco Julio Padrón pudo observarlo desde una posición privilegiada en Galdar, Gran Canaria.
- 1975: grabaciones de ovnis en Suiza por parte de Billy Meyer autentificadas por la marca Kodak.
- 12 de noviembre de 1975: gravísimo incidente con un humanoide en la base aérea de Talavera La real, Badajoz, España. La famosa «Noche del miedo»
- 13 de febrero de 1977: aterrizaje de OVNIS en Gallarta, Bilbao. 90 huellas encontradas en el terreno.
- 11 de marzo de 1977: Luis José Grífol es testigo de objetos volantes no identificados en la montaña de Montserrat, Barcelona.
- 25 de abril de 1977: en Putre, Chile, el cabo Armando Valdés es protagonista de un avistamiento OVNI, sufre una experiencia de abducción y aparece 15 minutos después con síntomas de haber pasado varios días. Su barba era de cinco días y su reloj estaba adelantado cinco días también.
- 18 de diciembre de 1977: abducción de Miguel Herrero Tendilla, Guadalajara, España, con un tiempo perdido de 3 horas.

- 9 de abril de 1977: en Cuernavaca, México, avistamiento de un objeto elipsoidal.
- 10 de abril de 1977: despegue de cazas franceses en misión de intercepción de más OVNI sobrevolando Francia.
- 22 de septiembre de 1977: en Rusia, la agencia oficial de noticias TASS da la información de un avistamiento de OVNI con forma de medusa que posteriormente se transforma en una esfera.
- 1977: ataque de un ovni al niño Martin Rodríguez, en Tordesillas, Valladolid.
- 1977: grave incidente OVNI en la Isla de los Cangrejos, Brasil.
- Noviembre de 1978: la ONU admite debatir el tema de los OVNIS.
- El 21 de octubre de 1978: en Melbourne, Cirelis Valentich, un piloto privado que pilotaba una avioneta Cesna, notifica que tiene 4 luces encima de su avioneta, las cuales iban en su ruta desde hacía unos minutos. La avioneta Cesna y Valentich desaparecieron, y aun hoy no ha podido saberse nada sobre su paradero. Una desaparición extrema en un posible caso de abducción con avión incluido.
- 4 de febrero de 1978: San Luis, Argentina. Un objeto similar a un plato invertido aparece delante de unos pescadores.
- 14 de octubre de 1978: Honduras sufre un apagón, que coincide con un avistamiento en el aeropuerto y en la ciudad de Tegucigalpa.
- 6 de diciembre de 1978: en Génova, Italia. Fortunato Zanfretta avista un OVNI y una criatura de 3 metros con cabeza triangular alargada. 50 minutos de tiempo perdido. Estos encuentros se produjeron hasta en 6 ocasiones.

- 5 de febrero de 1978: Julio Fernández es abducido en Medinaceli, Soria.
- 5 de marzo de 1979: nubes con formas de anillos, son el preludio de un objeto que sale del mar y que produce una campana de luz de 70 km. Hubo perturbaciones en el campo magnético, interferencias en las radios, y coches detenidos en plena calle. Los testigos se pudieron contabilizar en miles.
- 11 de noviembre de 1979: incidente en el aeropuerto de Manises, Valencia, en el que el avión comercial TAE 297 tuvo que hacer un aterrizaje de emergencia al ser perseguido por dos inmensos ovnis de color rojo. Dos cazas del ejército español salieron en su búsqueda, hechos todos ellos reflejados en informes militares que usted puede ver en la biblioteca del ejercito. Aquel hecho hizo que Antonio Mujica, parlamentario socialista, preguntase por primera vez de forma oficial sobre los ovnis en el Congreso de los Diputados Español. La respuesta del ministerio de Interior: Materia reservada (una vez más).
- 17 de noviembre de 1979: España. Detección en radar de un OVNI triangular de casi 100 metros de diámetro y posterior misión de intercepción de un caza Mirage. El piloto a través del canal 11 de su UHF oyó voces infantiles siendo imposible un hecho de esas características ya que las comunicaciones se establecían a través de canales y frecuencias militares.
- 3 de diciembre de 1979: incidente de abducción de Frank Fontaine en una barriada de París, Francia. Fontaine aseguró que en su experiencia de abducción pudo ver vagones nazis de la segunda guerra mundial abandonados en un túnel.
- 11 de noviembre de 1980: siete tripulaciones de aviones pudieron avistar en España un objeto descrito

como una burbuja verde transparente que posteriormente se dividiría en cinco esferas más pequeñas. En el aeropuerto del Prat de Barcelona una de estas esferas sobrevoló una de las pistas a más de 3000 kilómetros por hora.

- Navidades de 1980: avistamiento visual y vía radar desde Inglaterra, Francia, Portugal y España.
- 25 de diciembre de 1980: Incidente OVNI en la base angloamericana de Woodbridge situada en los bosques de Rendlesham, Inglaterra, con avistamiento de humanoides, huellas y residuos nucleares en el terreno.
- 8 de enero de 1981: aterrizaje de un OVNI de tres metros de diámetro en Trans-an Provence, Francia. El caso más estudiado de la historia de la ufología.
- 12 de abril de 1982: avistamiento de un OVNI con movimientos imposibles en Aragón, en el Levante, y en Andalucía, España. Hasta cinco aviones en vuelo pudieron ver sus movimientos en espiral. El OVNI desapareció a 4.000 kilómetros por hora. Este caso fue el segundo caso que llegó al Congreso de los Diputados para su debate.
- 12 de julio de 1983: avistamiento de un OVNI cilíndrico en la península ibérica.
- 19 de febrero de 1985: la agencia de noticias TASS en Rusia emite un comunicado afirmando que a las 4 de la mañana un avión Tupolev tuvo un encuentro OVNI sobrevolando el Mar Báltico. El OVNI tenía una iluminación tal que podían verse las casas y las carreteras desde las alturas como si estuvieran a plena luz del día.
- 19 de mayo de 1986: seis cazas brasileños persiguieron 20 objetos volantes no identificados según un comunicado oficial del ejército brasileño.

- 17 de noviembre de 1986: Alaska. La tripulación de un avión 747 que cubría la ruta Tokio-París, observaron 3 ovnis en forma de nuez, uno de ellos del tamaño de un portaaviones. Los OVNIS escoltaron al avión más de 400 millas.
- 1987: fotografías y avistamientos de dos OVNIS en un terreno donde habían aparecido dos *crop circles.*
- 1989: los casos de avistamiento de ovnis y humanoides en Vorónezh (Rusia), y Conil (Cádiz).
- 1989: Aparición del doctor Bob Lazar hablando sobre el área 51.
- 1990: incidente de la base del ejercito alemana Greifswald durante varias horas.
- 1990: grabación de un OVNI cercano a un *crop circle* por parte de Steve Alexander, en Inglaterra.
- 1991: los avistamientos de México en el eclipse total de Sol del 11 de julio.
- 1991: fotografías de un OVNI inmenso sobre la ciudad de Marsella.
- 1991: los descubrimientos de Richard Hoagland sobre la región de Cydonia en Marte, y los extraños avistamientos en las misiones de la NASA durante los años 80 y 90.
- 1991: mención especial a los videos pertenecientes a la oleada de México que dura desde 1991 hasta la actualidad, sin duda la más importante de la historia en cuanto a calidad de avistamientos y número de casos documentados.
- 1991: comienza la complejidad de los diseños de los círculos del maíz.
- 1992: las declaraciones de Jonathan Davis sobre los hechos que acontecieron a la llegada del hombre a la Luna.
- 1995: filmación del gran ovni de China.

- 1996: el caso de avistamiento de ovnis y humanoides de una escuela de Sudáfrica involucrando a 62 niños.
- 1996: el «Tether Incident» grabado por la NASA en la atmosfera terrestre.
- 1996: las grabaciones de la NASA en el espacio mostrando decenas de ovnis circunvalando el globo terráqueo. Este hecho se ha venido repitiendo desde las primeras misiones Apolo. Durante todas y cada una de las misiones de la NASA en el espacio se han grabado OVNIS que han seguido atentamente las evoluciones de nuestros astronautas, capsulas, y transbordadores.
- 1997: el incidente de las luces de Phoenix, Estados Unidos, aún no explicado por las autoridades militares norteamericanas.
- 1998: incidente en la base militar de Morón de la Frontera, Sevilla.
- 1999: grabación de un objeto sobrevolando un *crop circle* en Avebury, Inglaterra.
- 1999: comienzo de la secuencia de comunicación directa de los círculos del maíz.
- 2001: filmación de objetos voladores no identificados durante el atentado de las torres gemelas de Nueva York sin tomar parte de los hechos, desde diferentes perspectivas.
- 2001: respuesta del cajetín enviado en 1974 en un *crop circle*.
- 2002: siguen las mutilaciones de ganado por varias partes del mundo (en Argentina ese año), apareciendo de nuevo los animales con heridas realizadas con precisión quirúrgica mediante algún tipo de energía basada en la radiación, según declaraciones forenses oficiales.
- 2002: aparición de un rostro extraterrestre en un círculo del maíz en Chilbolton, Wiltshire, Inglaterra

- 2003: cientos de filmaciones OVNIS en México, destacando los videos de Arturo Robles Gil.
- 2004: el caso Campeche, involucrando al ejército de México.
- 2005: caso Mérida, avistamiento de un humanoide en México con restos de radioactividad en la zona.
- 2007: flotilla de Ovnis grabadas en Lima (Perú), México, y Nueva York.
- 2008: las grabaciones de Antonio Urzi, en Italia.
- 2008: el caso del ser de Mocorito Sinaloa en México.
- 2008: los avistamientos del aeropuerto de O'Hare en Chicago.
- 2009: Avistamientos múltiples de humanoides en México.
- 2009: lenguaje alienígena en figuras de los cultivos del maíz en Milk Hill, Wiltshire, Inglaterra.
- 2010, enero: avistamiento de una espiral con movimiento en los cielos de Noruega.
- 2010: Aparición de un anillo de luz de kilómetros de diámetro en Rusia, cuya procedencia de posible fenómeno natural ha sido descartada por el instituto nacional de meteorología de Moscú.
- 2010: aparición de grandes anillos sobre la superficie de Australia en fotografías vía satélite.
- 2010: aparición de EBANIS sobre los cielos de México. Cientos de OVNIS reunidos en un solo punto del espacio aéreo de México DF.

Y podría seguir y seguir exponiendo casos, relatando vivencias de personas normales como usted y como yo que un buen día se encontraron siendo testigos de lo imposible, tal y como diría el magnífico investigador Iker Jiménez; se encontraron con la cara más extraña y desconocida de un misterio mayor de lo que sus mentes podían concebir.

Es difícil ser abierto a tanta extrañeza, a tantos datos, pero con que uno solo de los casos fuese verdadero (aunque todos puedan serlo), sería sin duda suficiente para prestar atención a este tema. No olvidemos que hasta que se han inventado las fotografías, los videos, la tecnología de captación de imágenes, antes solo existía el arte. Las esculturas, los grabados, los cuadros, las publicaciones.

Aquellos fenómenos extraños fueron reflejados en su momento porque eran importantes, porque eran inusuales, porque afectaron a aquellas personas en sus vidas. No podían explicarlo pero sabían que era importante. No sabían lo que era, pero había que dejarlo escrito para que en el futuro alguien lo viera, igual que ellos lo habían visto. La pasión de saber, de intentar comprender, y de intentar explicar aquellos hechos tan extraordinarios.

Todos estos casos, se los explico para intentar expresarle que el fenómeno de los círculos del maíz es solo la última de las paradas de este fenómeno. Un eslabón más de la cadena de nuestra relación con otras civilizaciones. Le parecerá imposible, pero todos estos casos OVNI han ocurrido de verdad sin que usted se haya enterado. ¿Pero cómo es posible que yo no sepa nada?, se puede preguntar. Es muy sencillo.

Usted nunca sabrá nada de estos temas, de estos avistamientos, de esos héroes, testigos e investigadores que luchan por la verdad mientras todo está en contra, sencillamente porque no interesa que se sepa. A las personas encargadas de nuestra seguridad no les interesa admitir que su espacio aéreo ha sido violado en demasiadas ocasiones por estos objetos. Esto pasa desde que el hombre es hombre. Se llama «secreto de estado». Según declaraciones de altos mandos militares españoles, en las altas esferas no les gusta tampoco admitir que han tenido que redactar informes oficiales sobre los hechos, y que la conclusión sea un simple «no sé».

Actualidad del fenómeno OVNI

En la actualidad, en este mundo de beneficios económicos y paraísos fiscales, tampoco importan mucho estos visitantes. No importan los llamados «marcianos»; solo el dinero y el poder, esto es así, podrá usted verlo a diario en sus periódicos, en sus radios. Un mundo que se ha desmadrado en pos de conseguir beneficios y ganancias, olvidándose de todo lo que ha pasado anteriormente tanto en el tema ovni, como en cualquier otro tema histórico sin explicación.

Todo lo que no sea útil para que el dinero siga corriendo, todo lo que no baje los índices de ventas para seguir consumiendo, para que la rueda de generar beneficios nunca deje de girar, todo lo que no sea lo «establecido», no sirve.

Y todo esto se fundamenta en el control absoluto de los medios de comunicación, que elige y desecha lo que todos tenemos que escuchar, sin importar si es realmente lo que debemos escuchar. Que el fenómeno de los círculos del maíz dependa de los medios de comunicación para que el mundo lo conozca, para que cada ser humano pueda ver lo que tiene usted en este libro, no deja de ser un fallo en la mera concepción de esta serie de hechos. ¿Cómo hacer depender a algo tan grande de algo tan pequeño?

Es nuestro problema como organización, ya que nuestros intereses no son globales (como el fenómeno de los círculos), sino individuales (dominados por poderes económicos que se nos escapan). Si el 95% de la población aun no sabe nada de este tema es porque a la gente en general no le importa todo esto. Bastante tienen ya con mantener su trabajo en estos tiempos tan oscuros ¿verdad?

Esta es la realidad. Pero también es una cuestión de educación, de cultura. El desprestigio que ha llevado la ufología durante los últimos 20 años a nivel mundial ha sido constante en las naciones desarrolladas en un proceso teledirigidamente rápido y perfecto. Ganar tiempo nunca fue más fácil. Solo había que educar a la población a no interesarse lo más mínimo en estos temas, fabricando supuestos casos falsos, o desprestigiando los presentes. Si te repiten mil veces, que lo que te interesa es X, al final desechas las demás opciones, y consumes X, que es para lo que al final sirves en esta comunidad. Una pescadilla que se muerde la cola, que perjudica a los *crop circles* en su esencia, la comunicación.

Si no te interesa, no lo quieres, y si ni siquiera lo buscas, sencillamente no existe. Como tampoco existe el tráfico de órganos, las infidelidades de los altos cargos, o los datos de contaminación ambiental manipulados. ¿O sí que existen, pero se ocultan? Son ejemplos, algo viscerales, de realidades que se ocultan, porque «es mejor que nos quedemos como estamos».

5.2. Autoría extraterrestre

Que la hipótesis del fenómeno de los círculos de las cosechas sea extraterrestre no debería extrañarnos mucho en este punto del libro ya que podríamos fundamentarla de modo rotundo con el diseño de agosto de 2002. Un DNI, un retrato con un mensaje en código binario.

Pensemos un momento en ese *crop circle*. Un mensaje enrollado en espiral cortado cada ocho secciones para ilustrar una letra. Se ha tardado años en decodificar ese disco, por la propia complejidad de su diseño. Una letra tras otra para formar un mensaje. Esto, amigo lector no ha vuelto a verse nunca más, y nadie se atribuyó su autoría. Lo absurdo llevado a la brillantez máxima.

El señor José Jaime Maussán, el investigador numero uno de la ufología a nivel mundial en estos momentos, ofreció 100.000 dólares en un concurso a cualquier persona que pudiera replicar los mismos diseños aparecidos en Inglaterra. ¿Saben cuantas personas hicieron un diseño igual? Ninguna. Si alguien lo había hecho, ¿por qué no volver a repetir la hazaña y convertirse en millonario de paso? Porque sencillamente nadie de nosotros lo había hecho. Porque aquello era irreplicable e irrepetible.

La visión de 2002 posiblemente le haya dejado a usted consternado. Da miedo. Lo desconocido da miedo, sin duda. Pero pudiera ser que el momento de presentarse después de tantos años de jugar al escondite esté empezando a asomarse por el horizonte. Como decíamos, el aspecto del humanoide concuerda con el aspecto que tienen los principales protagonistas de las historias de abducción contada por cientos de personas en los últimos años. La primera vez que se acuñó el término abducción fue en referencia al matrimonio de Barney y Betty Hill en 1961 en Estados Unidos.

A partir de ese momento, los testimonios se disparan. Gente que no se conoce, y que no tiene conocimientos científicos, habla de lo mismo en diferentes partes del mundo. Y lo que se cuenta en ocasiones no es muy alentador. Exámenes médicos, pruebas de todo tipo, extracciones de muestras, experimentos extremos, y todo en una mesa de operaciones en una sala ovalada de color blanco rodeado por seres con el aspecto del *crop circle* de 2002. Bien es cierto que también abundan testimonios de vivencias armoniosas y positivas, o encuentros bizarros enmarcados al filo de lo imposible, casi de lo etéreo, pero que dejan un poso de positividad y esperanza a quien vive estas experiencias. Experiencias de luz y experiencias oscuras.

Algunos investigadores aseguran que las experiencias vividas son las mismas, pero que es el subconsciente de las personas la que determina sus sensaciones con respecto a ellas. Cada persona es un mundo, y por ello, la percepción de lo que se vive se ve afectada por la propia percepción y personalidad de la persona; es decir, que la vivencia fuera buena o mala, dependería de la mente de cada persona.

Este tipo de apariciones, se describen también como si fueran parte de un suceso de una realidad paralela hecha prácticamente del tejido de los sueños.

Sea como fuere, tratados por una parte con respeto y amor, o tratados a su vez como cobayas de laboratorio (en un símil aplicable a nuestra medicina), estas personas narraban lo mismo sin haberlo leído en ningún sitio, que es lo importante, y sin ganar nada, es más, produciéndoles descredito y problemas personales. Personas sin imaginación desbordante, con sus facultades psicológicas en perfecto estado. Testigos de lo extraño, de lo irracional, de lo imposible y de lo impensable. Los humanos siendo juguetes, presas o simplemente experimentos.

Ambigüedad extrema

Si esta raza de grises en particular fuera la emisora de estos mensajes, esto conllevaría varias preguntas. Si son igual de sensibles para manifestar un precioso pentágono perfecto de 200 metros en un campo, ¿por qué no son igual de sensibles al contactar contra su voluntad a ciertas personas determinadas en medio de la noche? ¿Para qué y por qué? El fenómeno de las abducciones es un reto por parte de la humanidad porque podemos apreciarlo de forma positiva o negativa, pero no tenemos control sobre la propia experiencia.

Por otra parte, si el propósito es comunicarse abiertamente, pero a la vez, los individuos de esta raza determinarían que su actividad se completa con abducciones, es lógico pensar que lo hacen por necesidad científica, no por diversión. ¿Y por qué abducirían a cierta persona en particular y no a usted o a mi? ¿Qué es lo que andan buscando? ¿Dónde está la clave? El rico ajuste biológico de nuestro ADN, bien podría ser la causa. Que buscasen algo en particular, algo en nuestra sangre, mejor dicho, algo en la sangre de una sola persona entre toda la población en especial que pudiera darles la llave de algo que estén buscando y que necesitan con premura.

Pero, profundizando, para saber qué persona tienes que abducir, tienes que saber las diferencias entre cada una de las personas de la Tierra. Y eso solo puede llevarse a cabo a través de un estudio. Un estudio de comparación, tomando muestras desde la lejanía, analizando, enriqueciéndose de datos de todo tipo. Imagínense por un momento: Este hombre tiene una genética tipo A. Tiene esta genética, pero no me interesa. No tiene lo que estoy buscando.

Este de aquí tampoco me interesa, tiene una genética tipo B, pero no es lo que estoy buscando. En cambio, este otro hombre de allí, es de otra manera, tiene genética de tipo C, tiene algo que es diferente. Este si me interesa.

Multipliquen esta serie de pensamientos por seis mil millones, y ya tienen la posible respuesta de lo que ha podido estar haciendo esta civilización los últimos años. Posiblemente había mucho por estudiar y por conocer, teniendo en cuenta la gran riqueza de vida de este planeta.

La acción de estos grises, según Miguel Rivera, el ufólogo decano de la investigación en España, basándose en los estudios de Budd Hopkins sobre casos estudiados reales de abducidos radicaba en el interés de los sistemas reproductores de los abducidos. Este detalle no es baladí, es importante. Y lo es porque si se fijan, en el año 2001, en el cajetín, la parte de la izquierda, la que correspondería a la parte paterna, es diferente; tiene una triple hélice. La parte materna es similar a la nuestra, pero la parte paterna es diferente. Si buscasen alguna característica genética en nosotros, sería básicamente por cuestiones de supervivencia, incluso para asegurar su propia especie. Para enriquecer su genética con la nuestra, y en última instancia para salvarse.

Y aunque hubiera llegado el momento de darse a conocer y exista un doble rasero de compañero de comunicación y al mismo tiempo de implacable experimentador con cobayas de laboratorio (y no tan implacable, lo normal es que las personas abducidas no recuerden si tuvieron dolor durante su experiencia, detalle que expondría un cierto cuidado para no traumatizar a las personas abducidas), aun así el motivo de su mensaje no queda claro. Si el proceso de presentación ya ha tenido un hito de la magnitud del diseño de 2002, entonces ¿a qué están esperando? Este proceso ha sido marcado con una fecha en algunos diseños. La inclusión de los mayas y sus referencias a sus calendarios nos muestran que saben perfectamente calcular nuestro tiempo, que nos conocen, que el fenómeno nos conduce hacia una fecha.

¿Y después qué? Si el fenómeno es una especie de cuenta atrás ante una comunicación más directa y sostenida en el tiempo, ¿por qué se tarda tanto, por qué no dejan un mensaje en el césped de la casa blanca? ¿Es ansiedad el legítimo derecho del ser humano a conocer más sobre este tema o solo debemos esperar como se desarrollan los acontecimientos, tal y como hacemos con todo lo que ocurre en la política, o en las guerras?

Posiblemente, el fenómeno de los círculos del maíz esté creciendo con nosotros, siendo una acción de estudio más sobre nuestra civilización. Una civilización que ha evolucionado quizás de una manera inesperada. Con una ciencia de destrucción increíble, pero anclada en convencionalismos arcaicos sobre el universo, la naturaleza, la ética, y el sentido de la vida.

Los extraterrestres que parece que están detrás de estos *crop circles*, han evolucionado los diseños, y sobre todo han redirigido la mayoría de las figuras hacia un nivel astronómico por razones de control. El CMM, centro de investigación de círculos del maíz, ha estudiado menciones al cometa Holmes en el diseño maya de 2005 siguiendo valoraciones en sistemas hexadecimales con las rayas y espacios del interior del círculo, y ha encontrado las similitudes del estudio del Sol en algunos de los diseños. Controlando la Luna, el Sol, los astros. Controlando el efecto de estos en la Tierra. Expresando de primeras los posibles peligros que pudiesen afectar a la Tierra: cometas y ciclos de manchas solares inestables que pudiesen variar brutalmente la temperatura de la Tierra.

Es una extraña situación: extraterrestres científicos en el planeta Tierra haciendo círculos en los sembrados previniéndonos de lo que pasa allá fuera en el universo, y presentándose en incidentes que poco a poco van formando parte de nuestra cultura, mientras que además realizan diferentes abducciones a personas muy específicas, siempre fijándose en temas genéticos.

A nivel político existe una postura sobre estos incidentes con su propia rama: la llamada macro-política (o exopolítica) que estudiaría la posible relación con cualquier posible visitante estelar. Con cualquiera de los que pudieran habitar algún planeta de esas cientos de millones de estrellas de alguna de esas cientos de millones de galaxias que existen allí afuera.

Pero por supuesto, este tema es absolutamente ambiguo desde todos los frentes: Si efectivamente los OVNIS se presentan impunemente en nuestros cielos, hacen que los aviones tengan aterrizajes de emergencia, queman con energía de radiación a testigos inocentes, abducen sin permiso a personas de todo tipo, y a la vez tienen la maravillosa tarea de hacer preciosos círculos en las cosechas todos los años, si todo eso ocurre a la vez, aquí hay algo que falla. No tiene ninguna lógica, al menos desde nuestra perspectiva humana, a no ser que haya diferentes facciones o ideologías en los tripulantes de esos objetos. Sin duda, asuntos interesantes que hacen reflexionar.

En todo caso, básicamente se habla de que estamos viendo el inicio oficial de nuestra relación con el universo que nos rodea. Eso es lo que estaría ocurriendo, y es algo extraordinario para bien o para mal, es bello y desafiante al mismo tiempo. También es una serie de hechos que estudiarán las futuras generaciones con curiosidad, tal y como vemos ahora a los neandertales nosotros. Neandertales, y hombre prehistóricos de los que por cierto, falta un eslabón, el eslabón perdido, en este misterio que es la evolución de los seres humanos.

5.3. Repercusiones en la humanidad

Vivimos en un mundo basado en la seguridad de nuestro sistema, en la seguridad de nuestra economía. Pero nuestra vida, nuestro destino como civilización no ha ido hacia el interés en lo que hay más allá.

La negativa a priori de la mayoría de las personas encaja perfectamente con el cinismo que azota a la sociedad actual. Todo es freak, sino es como tú, pero tú para el sistema normalmente no eres un concepto de persona, eres solo una cifra. Que exista un fenómeno tan impresionante como los círculos del maíz y que no haya sido incluido en la lista de prioridades de científicos, universidades, fundaciones, empresas, ministerios, y gobiernos de ningún país, es un dato que ilustra a las claras nuestra relación con los temas del misterio. Ahí están, pero mejor ni tocarlos. Y el hecho de que la humanidad no haya tenido un shock histórico con la contemplación de las figuras expone un control de la información de bastante nivel.

El hombre según los acontecimientos que están ocurriendo en Wiltshire, ya no está oficialmente solo en el universo. Hay otros seres que han llegado incluso hasta aquí. ¿Qué repercusiones tiene este gran hecho en nosotros como raza? ¿Cuál es la filosofía de este fenómeno para con el hombre?

La primera conclusión, la más primigenia es que bajaríamos un peldaño en la pirámide de poder. También bajaríamos en la pirámide alimenticia. Ya no seríamos los amos absolutos de la naturaleza de este mundo. Ya no tendríamos la seguridad de ser el único abanderado de vida en el cosmos. Y por supuesto, podrá usted irse imaginando. Ya no tendríamos el poder militar absoluto sobre nuestro planeta.

Y este pensamiento es interesante, porque ¿qué ocurriría si se llegase a consumar la comunicación de los círculos del maíz con una presentación ex-populi de varias naves, u objetos, en diferentes partes del mundo a plena luz del día durante varios días y noches? ¿Qué pasaría si ocurriese algo que fuese imposible de ocultar por cualquier grupo de poder, que trascendiera el control de los medios de comunicación, algo incluso más grave que el incidente de Manises, o las flotillas de 1.500 ovnis de México? La verdadera pregunta sería: ¿qué ocurriría si mañana usted mismo pudiese verlo con sus propios ojos?

Las consecuencias filosóficas, de derrumbamiento del mito del súper-yo serían evidentes a nivel moral, pero las consecuencias sociales y económicas no se harían esperar. En una situación así, posiblemente el pánico de las personas se adueñaría de nuestra razón como individuos.

El hecho de sentirse inferior es algo para lo que no estamos acostumbrados a vivir. La sociedad de consumo notaría el miedo, y las bolsas posiblemente se desplomarían a las pocas horas, imitando el crack bursátil de 1920 ó 2008 multiplicado por tres. Es lo que se llama un periodo de incertidumbre extrema. Posiblemente, más de la mitad de los países involucrados en el macroavistamiento iniciarían un proceso de ley marcial y toque de queda, en un estado de alerta máxima militar.

Esta situación se contempla de esta manera siendo cualquier raza la protagonista del contacto masivo, tanto la civilización que realiza los círculos del maíz, como las demás de las que no habríamos recibido noticia dentro del fenómeno de los *crop circles*. En principio se desarrolla la idea de que el contacto sería positivo, porque seguramente si hubiesen querido destruirnos, ya lo habrían hecho. Otros escenarios que se podrían dar sería una presentación no amistosa de la misma desde el principio. Sin duda existe incertidumbre dentro de la comunidad de investigadores y científicos ante estas alternativas.

Y una vez más, la ambigüedad extrema de los *crop circles*. Si están preparándonos para consumar un gran contacto, para que una de las alternativas (contacto directo positivo) se produzca, entonces, ¿por qué lo explican en un lenguaje que la gente no puede entender? Lo más seguro es que no haya ni 100 personas en el mundo con total conocimiento de los que significan todos los círculos del maíz. Es un fallo en la concepción, porque no se tendría en cuenta que la mentalidad del ser humano y su manera de pensar es diferente.

El hombre y los círculos

Porque de eso exactamente es de lo que estamos hablando. De nuestra relación con estos hechos. De nuestro papel en esta obra de teatro cósmica. Posiblemente, aunque usted no conciba la magnitud de lo que estamos hablando, exista ya un protocolo de actuación ante los escenarios de contacto que comentábamos antes. Y de ahí pasamos al punto actual en el que nos encontramos ahora. La ocultación de los hechos.

Si usted fuese un gobernante, ¿no preferiría que todo se mantuviese tal y como está, sin variación hasta que no quede más remedio que dejar de ocultar la verdad de estos hechos? Seguramente haría lo mismo. ¿Quién quiere ser el responsable de que cunda el pánico entre la población al ver la foto de un extraterrestre real de 100 metros en un campo de maíz? ¿Quién quiere ver como se desmorona todo, cuando los autores de los dibujos aun no han bajado masivamente a la Tierra para presentar sus intenciones?

Este tema es una patata caliente, sobre todo porque no se conoce que puede pasar al final de este proceso. Podemos tirarnos cincuenta años más de *crop circles*, y si las condiciones de comunicación no cambian, dentro de 50 años tendré que explicarles a mis nietos lo mismo que les escribo a ustedes en este libro, ya que ellos no estudiarán estos históricos hechos en los colegios. Seguiremos igual que ahora. Seguirá existiendo la desinformación más eficiente.

¿Y cuál es la actitud que se puede tomar sobre el mensaje de 2002, «Mucho dolor pero aún hay tiempo»? ¿Qué significa esta frase? ¿A qué se refiere?

¿Se refiere a nuestro dominio irracional y contaminante de los recursos de la Tierra? ¿Se refiere a nuestro odio, a nuestras guerras, a nuestro amor por lo material, a nuestra falta de respeto con nuestros semejantes? ¿Aún hay tiempo... para qué?

La propia ambigüedad de estos mensajes es un quebradero de cabeza. Si existe un ingeniero espacial de un metro veinte con ojos almendrados, confeccionando estos diseños, los diseños le están quedando preciosos, pero nadie, salvo algunos científicos sin poder de comunicación global, los está entendiendo. Supongo que algunos casos —como el diseño de 2002 con un mensaje en binario en espiral— fueron concebidos de una manera tan compleja para dejar una prueba fehaciente de que sería auténtico. ¿Qué tipo de autenticidad sería un mensaje enrollado con letras de nuestro alfabeto? No, tenía que ser imposible de hacer. En este caso, la complejidad estaría completamente justificada haciéndolo en lenguaje binario. Es una prueba irrefutable. Un mensaje sin posibilidad de fraude.

Pero en otros casos, aun cuando se denotan auténticos esfuerzos para adecuarse a nuestra manera de pensar, los diseños son demasiado complejos para nuestro entendimiento. No llegamos a decodificarlos todos. Tienen muchísimo nivel científico a nivel de significado.

Por eso, por ese pequeño lastre en nuestro entendimiento, el fenómeno ha ido variando en estos últimos años hasta hacerse más claro. Han aparecido más figuras ilustrativas: un ave fénix o el dios Ra, una libélula, un autorretrato, símbolos de religiones, ojos, células o animales, todos y cada uno de ellos con un significado más identificable, más personal, más cercano a nuestra simplicidad global.

En conclusión realmente el fenómeno de los círculos del maíz, sí va dirigido hacia todos nosotros, pero su significado, su decodificación está al alcance de muy pocos. Algo que parece que también están ampliando con figuras de entendimiento menos complejo.

Escritura volante no identificada

¿Y qué son esas marcas jeroglíficas del mega-diseño de 2009? ¿Qué significan esos puntos, esas rallas? Parece sin duda un lenguaje propio. Algunos grupos de investigación han determinado el parentesco de ciertos de esos signos con letras de alfabetos de civilizaciones antiguas, como los egipcios y los mayas. Y es este un hecho singular, y si me apuran muy extraño. ¿Bajo qué lógica expones un diseño de estas características con una mezcla de idiomas arcaicos? Y si no fueran finalmente validas esas aseveraciones, y esas marcas no representasen realmente ningún idioma antiguo, o no representasen todo el mensaje, ¿Bajo qué conocimiento podríamos nosotros decodificar algo para lo que no tenemos un diccionario, algo que es la primera vez en nuestra vida que vemos?

Quizá con el tiempo podamos recibir nuestra particular piedra Rosetta (piedra con inscripciones de jeroglíficos egipcios, e idioma griego, que permitió decodificar en parte la escritura de los antiguos egipcios), pero resulta muy interesante comparar este *crop circle* con escritura maya o egipcia.

Estas civilizaciones sin conocerse entre sí, erigieron pirámides monumentales con motivos astronómicos. La mera construcción de las mismas ya daría suficiente extensión para publicar tres libros enteros sobre como debió de ser aquellas odiseas.

Lo cierto es que son civilizaciones que tenían un sentido del espacio y del tiempo mucho más exacto que el nuestro. Su respeto y estudio del cosmos era lo más importante para su civilización. Lo más importante junto con respetar y honrar a sus dioses, también representados por estrellas y planetas del firmamento. Una extraña obsesión que también tenían en Nazca, y en Stonehenge, y no se piensa que este detalle sea una casualidad.

Llegaban a erigir templos inmensos, cuya construcción podría durar siglos, solo para controlar el movimiento de los planetas. Lo hacían porque les interesaba muchísimo el universo y sus secretos. ¿Por qué nuestra sociedad no ha evolucionado de esta manera? Bien es cierto que tenemos radiotelescopios, y telescopios escuchando y mirando, pero a nivel proporcional, no dedicamos ni una milmillonésima parte del presupuesto que estas civilizaciones pusieron en su día por saber más sobre el precioso orden del universo. Nuestra ciencia ha ido hacia las mega-corporaciones no hacia el espacio. Nuestro interés es básicamente interior, no exterior.

Como irá usted observando y leyendo, podemos maravillarnos con los propios círculos, pero significan mucho más, ocultan secretos. Nos sitúan en nuestro lugar en el universo, nos implican situaciones futuras, nos estalla en las manos con su emotiva perfección, a la vez que golpea nuestro sistema de creencias hasta más allá de lo tolerable.

La situación actual de los granjeros de Inglaterra es una metáfora de este fenómeno. Los círculos aparecen en sus terrenos, y los curiosos (cada vez más), saltan a su propiedad para ver in situ el descomunal acabado. Aparte de que hay personas que destrozan los diseños porque no se atañen a las normas (no doblar ni pisar nada que no esté doblado, para no alterar el diseño), algunos granjeros ingleses, están empezando a disparar con escopetas a la gente que invade su propiedad para sentir de primera mano este descomunal tesoro. Cierto es que en una propiedad privada no se puede pasar, pero, sin duda los ingenieros espaciales de estos diseños, no pensaron que los dueños de los terrenos quizá no estén interesados en hacer de sus campos sus «hojas de papel». Esto no ocurre siempre, pero se han dado casos aislados de conflicto con los granjeros. Hay muchos tipos de personas, y sin duda, estas cosas pueden pasar cuando estamos hablando del ser humano.

Es un buen ejemplo para decir que este fenómeno es perfecto hasta que llega el hombre. A partir de que el hombre lo toca, pasan dos cosas: degrada el fenómeno porque la información no fluye como debiera fluir, y sobrevive gracias a la fuerza inherente con la que contra viento y marea los investigadores y fotógrafos de este pasional fenómeno luchan año a año.

A nivel personal, es una lucha, una batalla de amor geométrico de intrincado significado y motivación. Un gigantesco sudoku interminable, una sopa de letras del tamaño de un edificio. Es papel del lector, sacar sus propias conclusiones ante estos hallazgos, hasta estos enigmas, hasta estas bellas obras de arte, aspecto que estudiaremos en el siguiente capítulo.

5.4. Obras de arte

Si, hablamos del arte porque los círculos del maíz son una representación, y al igual que toda obra representativa, merecen ser apreciados de manera artística y no deben ser objeto de análisis desde un punto de vista meramente conceptual.

El problema que tiene el arte actualmente, es que se han perdido los valores del clasicismo, el espíritu de evocar la grandeza mediante sus obras. En Grecia estuvieron siglos representando la grandiosidad del mundo de sus dioses; su acercamiento a ellos era con el arte, con sus esculturas, con sus construcciones. Basaban su forma de trabajar en expresar de manera perfecta un contenido especialmente místico y profundo, y lo hacían según las proporciones justas. Ni más, ni menos. Su obra tenía significado, intención de evocar, de representar la perfección y a la vez el misticismo de sus divinidades. Forma y contenido. Envoltorio y producto.

Usted puede apreciar en alguna de las figuras algo que puede no percibir nadie, y eso es maravilloso. Pero solo acabamos de empezar a apreciar este fenómeno. ¿Qué descubriremos en el futuro sobre ellos? ¿Qué seremos capaces de apreciar en esos campos de plantas dobladas? La profundidad de este enigma, hace que los investigadores se sientan como llaneros solitarios al contemplar tanto orden con tanto significado. Significado intuido y real, plausible, que casi se puede tocar con las manos viendo una sola fotografía. Significado trascendente dada su autoría. Significado vital para nosotros, como seres humanos. Y significado profundo porque evoca la pasión por las matemáticas evocando la bandera del arte, de una manera ciegamente inteligente.

El arte de los círculos del maíz tiene características que lo asemejarían de alguna manera a los mandalas confeccionados en la India desde tiempos inmemoriales, a la complejísima geometría presente en la Alhambra de Granada, o en las lentes que se construyen para observar los misterios del espacio en los telescopios de última generación, todas ellas obras de arte de la ingeniería y de la técnica. Los seres humanos actualmente conocemos bien la geometría y la hemos utilizado magistralmente en la religión, para honrar a dios, y en la ciencia para avanzar en el desarrollo de nuestra civilización. Pero el arte, como arte en sí, se ha estancado. No avanza en su esencia, ni en su forma. Los círculos del maíz nos recuerdan la pureza que hemos perdido, pero por otro lado no deja de ser algo frío y extraño que algo tan puro se haga con nocturnidad y alevosía.

Observe un momento cualquiera de las fotos que les muestro. Unas inmensas figuras perfectas y preciosas en medio de un campo perdido; aparecidas en la soledad de la noche. No deja de ser algo poético, que un regalo para la vista de tal belleza haya sido dejado en nuestra puerta y se haya tocado el timbre para no aparecer. Los círculos del maíz bien podrían ser mensajes armoniosos de bien, o por el contrario de mal, y es que según la apreciación puede tomarse de una manera o de otra. Arte incomprendido, nocturnidad y alevosía, pero pureza al fin y al cabo. Esta es la ecuación de este fenómeno. Esa es la genial dicotomía, la maravillosa pero letal arma de doble filo.

Como decíamos, cuando el hombre entra en contacto con este fenómeno, el mero concepto del mismo se hace personal, individual. Si nuestra civilización hubiese conservado las esencias del clasicismo griego, quizá los periodistas y los gobernantes que ocultan estos hechos, nunca los habrían ocultado. Ellos habrían apreciado la importancia de los mismos, y nunca lo hubieran dejado de lado. Habrían apreciado el arte de los mismos. Es una conciencia de la trascendentalidad diferente de la que debería haber sido, pero hay tantas cosas que no son como deberían ser, que seguramente no le extrañará nada que algo tan bonito se esté intentando encerrarlo en un baúl, para tirarlo en medio del océano, y fundir la llave. Sentir el arte es algo que se ha perdido dentro de este mundo tan materialista.

En todo caso, ¿qué me dicen de las representaciones tridimensionales? Que alguna de las figuras aparezca con profundidad de campo ha abierto numerosas cuestiones a tener en cuenta. ¿Es que acaso esos diseño deben verse en la manera en la que fueron concebidos, es decir en 3-D? ¿Era una demostración aun más fuerte para convencer a los escépticos? La inteligencia que usa los círculos del maíz como una comunicación primigenia con nosotros debe estar a un punto de la desesperación. Ninguna de sus formas de representación artísticas ha logrado trascender ni siquiera en el mundo del arte. Ningún sistema de geometrías perfectas, o de figuras evocando la grandiosidad de la vida ha surtido efecto en el inconsciente colectivo ni en el mundo de los artistas modernos. Pero el arte es eterno, y las fotografías de los *crop circles* también lo serán. La eternidad de este fenómeno es una característica artística como lo fueron las esculturas griegas, o el renacimiento en Italia.

Solo falta ese espíritu abierto de nuestra sociedad, solo falta que la manipulación que los verdaderos artistas sufren, algún día acaben en medio de una revolución que busque la verdad de la belleza por medio de la perfección formal. Algún día los *crop circles* servirán de inspiración a generaciones enteras de autores que encontraran en ellos lo que la sociedad les ha negado: un pequeño trozo de realidad con pureza. Un cachito de un filete recién hecho al que aún no se le ha echado veneno.

La dignidad de los círculos de las cosechas

Pureza, arte y dignidad. La dignidad de los *crop circles* es también la base de su arte ya que no hacen distinción entre sus espectadores. Ahora mismo el arte está viciado.

Un hombre expone en una sala de exposiciones famosa, a un perro solo en una habitación al que se le deja morir de hambre ante espanto del personal que lo ve y no puede hacer nada. El supuesto mensaje será que nosotros hacemos lo mismo con nuestros semejantes. Pero verlo en un perro nos produce horror, y en cambio poner un telediario con la situación en Somalia y niños llenos de moscas ya nos produce cierta indiferencia. Acostumbrados al horror.

La experimentación mercantilista actual palidece en un aspecto determinado: la forma nunca puede superar al mensaje por muy bonito que sea lo que se quiera decir. Lo indigno no es arte.

En los círculos del maíz el mensaje es vital, es vibrante pero ahí se queda, no mata a nadie, no espera que nadie mate por él, es digno y puro. Es ambiguo, pero es puro. No busca la destrucción sino la creación en nosotros de una imagen de la perfección del cosmos y de bastantes ideas conceptos. Un mundo lleno de maravillas reflejando maravillas. Esa es la parte artística de los *crop circles* y es también parte de su digno legado.

5.5. La ocultación de los hechos

¿Qué resortes hacen que pase algo gravísimo y la opinión pública nunca se entere? En un mundo en el que el presidente de los Estados Unidos fue tiroteado fríamente delante de su propio pueblo, con dictaduras que hacen y deshacen a su antojo y una población pegada a su programa del corazón favorito en el que hablan de la nada más absoluta, los servicios de desinformación lo tienen más fácil que nunca.

Si el enemigo a batir es la propia verdad, hay miles de procedimientos para que usted siga tan tranquilo y tan feliz por la vida. Se llama «primera versión de los hechos», y es la que cuenta. Si además tienes el apoyo de los medios de comunicación, el plan es perfecto. ¿Cómo pudieron tragarse los medios informativos el absurdo montaje de los campesinos Doug y Dave en 1991? Parece mentira que algo así ocurra, pero en realidad es muy habitual. Es la historia del «teléfono escacharrado» de forma intencionada, para que no afecte nada de lo que realmente ocurre en el mundo.

Una pregunta: ¿sabe usted la cantidad de desapariciones que se producen en su país al cabo de solo un año? Muchas más de las que se cree. ¿Y por qué no se siguen investigando algunos casos? ¿Por qué no se acepta que las situaciones impregnadas de misterio son una parte más de nuestra vida normal? ¿Es que acaso somos tan listos que lo sabemos todo sobre todas las cosas? Es parte de nuestra manera de ser como civilización. Embelesados en nuestra soberbia y codicia sin querer saber. Sin querer informarse de todo aquello que no sea lo «normal», y si me apuran de todo aquello que no sea uno mismo.

Quizá tampoco haga mucha falta ocultar estos hechos, porque es el propio ser humano el que los ignora, el que ignora todo lo que hay ahí fuera, al que le importa tres pepinos (si me permiten la expresión), todas esas cosas de marcianos. Resulta especialmente interesante hacer esta reflexión en esta época en la que el éxito está personificado por el mundo de la imagen y la televisión. Todos quieren ser David Beckam o vestir de Carolina Herrera. Ahí está el fracaso de nuestro mundo.

Figuras exponiendo un saber extraterrestre como puerta de entrada para ver nuevos mundos, saber nuevas ciencias, conocer cientos de detalles de seres increíbles y de maravillas estelares, y nosotros hablando de una inflación que nunca debió existir, asistiendo impasibles a disputas militares para ocupar territorios y comentando los zapatos de la princesa de un país centroeuropeo en una gala de gente millonaria a la que el mundo le importa bastante poco.

Da la impresión de que este experimento está fuera de época. Pudiera ser que aun no estamos preparados para recibir estas informaciones, porque estamos a otra cosa. A la moda, a lo superfluo, a lo indigno.

Pero por otra parte, si la inteligencia ha elegido este momento de nuestra historia por algo será. Quizá hayan pensado que sí es el momento, y que en un proceso a medio plazo todos conocerán lo que está ocurriendo en Wiltshire. Quizá ellos quieran parar este mundo injusto y estén comenzando por los campos del maíz para dar un mensaje aun más global en el futuro. Pero quizá no quieran. O no puedan.

¿Se han parado a pensar en que viendo lo injusto de este mundo, alguna civilización no habría bajado ya para parar un poco la situación y detener el sistema que tenemos actualmente con países que tienen de todo (los menos), y países que están en la miseria (los más)? Si han llegado hasta aquí, podría suponerse que conocen la energía para viajar por el universo. Conocerían la primigenia (para ellos) energía nuclear. Conocerían sus daños. Conocerían el bien y el mal, el ying y el yang. Sabrían que no es ético que un niño se muera de hambre porque su país es corrupto y se enriquezcan los cuatro de siempre, como así pasa en la Tierra.

Pero aunque lo sepan, seguramente no puedan bajar a decirlo claramente. Y esto es una contradicción. Si bajan, lo más seguro es que se producirían disturbios durante meses, o incluso años, sin saber a ciencia cierta si conseguiríamos lograr el éxito de convencernos de que todos los seres humanos tenemos que ser iguales de verdad. Si no bajan, la situación seguirá de igual manera.

Estaríamos hablando de una autocensura, en la que no habría más remedio que ir con los pies de plomo. Un día una luz aquí, otro día un fenómeno de círculo del maíz allí. Otro día, un contacto humanoide en otro lugar. Miguita de pan a miguita de pan, formando un conglomerado de vivencias intentando construir una historia. Como paginas de una novela, al que se le va añadiendo de poco en poco un nuevo capítulo. El fenómeno ovni es para los humanos un conglomerado de ansiedades que se está alargando en demasía con el tiempo, y del cual no podemos escapar. Usted quizá no los querrá ver pero ahí están los videos, las fotografías, las personas honradas contando la verdad. Ahí están también los círculos que pasito a pasito están intentando decirnos algo. Más bien gritarnos. Gritarnos que deberíamos empezar a replantearnos de una vez la vida. Gritarnos para que dejemos de ser tan tercos provincianos cósmicos.

Todo está oculto en este embrollo. Círculos nocturnos, periodistas sensacionalistas, políticos mudos, científicos soberbios, espectadores hastiados de la vida que solo buscan evasión en lo prefijado. Es un marco difícil para que se produzca una comunicación realista, por el mero hecho de nuestra propia esencia humana antropocentrista. Nosotros en el medio del universo, aunque sepamos que no es así, pero no importa, porque nada realmente nos importa como raza.

Observen con detenimiento la gran figura de Milk Hill de 2009, realizada en tres fases. La representación de la Tierra el primer día —el óvalo, a partir del cual salen los brazos que representan los planetas del sistema solar en una representación humanista—, cambia el segundo día para mostrar el contorno de ojos almendrados. ¿Una metáfora de que ellos ya están aquí? ¿Una metáfora de que van a venir más? Sin duda la imagen es la de un gris, nombre que describe a la que parece ser la especie extraterrestre más activa en el planeta Tierra.

Y si se dan cuenta, que aparezca en la siguiente fase no es casual. Estaba pensado ponerse así, por algo, para algo. Estaba oculto, y ha ido saliendo. Nadie ha podido evitarlo. Nadie ha podido negarlo. El hecho de esta segunda fase personificando el óvalo como la cabeza típica de un extraterrestre podría ser una metáfora de que algo grande está por llegar.

Héroes modernos

En todo caso, ocultar es algo tan viejo y conocido para la humanidad como el fuego. Nadie está a salvo de la verdad absoluta, y en algún momento de la historia, investigadores como Lucy Pringle, Colin Andrews, Steve Alexander, Frank Laumen, Olivier Morel o Jaime Maussán, serán reconocidos como auténticos héroes por su lucha por la verdad. En este país sabemos perfectamente cómo se miente, y lo sabemos bien. Lo vemos a diario en nuestro trabajo, en la televisión, en nuestros dirigentes, en nuestros niños. Pero de entre toda la población, hay gente íntegra, periodistas que intentan buscar la verdad de manera honrada en este país; personas como Iker Jiménez, J. J. Benítez, Enrique de Vicente, Miguel Blanco o Javier Sierra, entre otros que, con sus fallos, han luchado contra el desprestigio, han buscado la verdad por encima de comentarios o mofas. Gente como Antonio José Ales, Bruno Cardeñosa, Juan Luis Cebrián, Antonio Ribera, Miguel Osuna, Eric Von Daniken, Jacques Vallée o el gran Fernando Jiménez del Oso han sido y serán los héroes de muchas personas sencillas que un día buscaron la verdad por encima de dificultades y piedras en el camino.

Es muy difícil ser investigador de lo oculto, se lo aseguro. Te encuentras con personas que directamente se ríen de ti, en tus narices bajo su perspectiva de que todo lo saben, y que eso no son más que leyendas y tonterías. Ellos solo quieren poder y gloria, pero los verdaderos investigadores de lo desconocido solo buscan la verdad. El saber. El conocer. El luchar, carretera arriba y carretera abajo buscando a personas que les cuenten lo que nadie quiere escuchar. El publicar sobre temas que jamás verá en medios generalistas.

Es el mérito de estos periodistas y de muchísimos otros que nunca son reconocidos en su mérito y en su lucha contra el gigante de la desinformación.

En Inglaterra, los autores que les he nombrado se gastan su propio dinero en alquilar un helicóptero y salir a fotografiar los diseños en el maíz. No ganan dinero. Lo pierden. Pero con ello muestran al mundo la impresionante formación de ese día en especial. Gracias a ellos los demás podemos acceder a esa información. Y quería reconocer por mi parte a esas personas que trabajan para compartir esta gran verdad con todos nosotros.

Capítulo 6
DESTINO DEL FENÓMENO

6.1. Conflicto moral

Existe un conflicto moral, muy claro a la hora de analizar las advertencias de los mensajes que llevan algunos de los círculos del maíz. ¿Cómo es posible que se repitan los mismos símbolos siempre que pasa algún cometa con capacidad destructiva cerca de la Tierra? Es increíble la capacidad previsora del fenómeno de los *crop circles* ante eventos astronómicos que siempre acaban ocurriendo. ¿Acaso esas advertencias muestran un estudio detallado por parte de la inteligencia emisora sobre los posibles peligros que alberga nuestro paso y nuestro recorrido por nuestra orbita? Sería lógico pensar que efectivamente, todos esos círculos (la gran mayoría de los diseños del Sol y la Luna desde 2007, y menciones en años anteriores) hablan de nuestros referentes en el cielo como comienzo para intentar explicar más acontecimientos que ocurren en nuestro cielo, a nuestro alrededor. Pero por otra parte, si fuese a ocurrir una tragedia a gran escala por el impacto de un meteorito, ¿no sería una opción más ética y benefactora el presentarse como salvadores o avisadores de la humanidad en un suceso tan apocalíptico? Sea como fuere, no parece que los mensajes den avisos claros de peligro, sino de control de situación. Es como si nos dijeran, estamos aquí, controlamos vuestra orbita, esto es lo que está pasando y esto es lo que va a pasar.

¿Qué significa el diseño ampliado del sistema solar de 2008? En él podemos observar la entrada en el sistema solar de cierto cuerpo cuya figura tiene similitudes con otros diseños de asteroides en el pasado del fenómeno. ¿Qué asteroide es el que pasará y qué relación tiene con la fecha en la que los planetas estarán situados justo de esa manera, con esa colocación espacial, en 2012?

Sin duda el diseño del sistema de planetas de 2008 es un gran enigma en sí mismo. Y es ambiguo. Señala una fecha pero a la vez señala sucesos inesperados como el cometa, o la ampliación del diámetro del Sol hasta absorber literalmente los planetas Mercurio y Venus. Se ha especulado mucho en la comunidad de investigadores sobre el significado de esa ampliación del tamaño del Sol, porque no es un hecho normal, ni, sobre todo rápido. Se puede pensar, interpretando el *crop circle* que es el inicio metafórico de un proceso de cambios en el Sol. Y esa sin duda es una afirmación con fundamento ya que durante todo el año 2009 se han sucedido figuras que encaminaban, predecían, o señalaban la fecha del 7 de julio como protagonista del evento solar del año: la aparición de una mancha solar, una de las pocas que últimamente muestra el Sol ya que están desapareciendo de manera alarmante.

Cambios en el Sol, asteroides... ¿Por qué el fenómeno no concreta más esta ambigüedad? Da la impresión de que los emisores de los *crop circles* tienen muy claro lo que están poniendo, y posiblemente no entiendan porque nosotros no comprendemos lo que nos dicen en ellos. Pero no podemos olvidar que esto es un choque cultural, un conflicto de idealización. Las mentes que están detrás de los *crop circles* son totalmente conceptuales mientras que nosotros bajo nuestra ciencia y educación, intentamos razonar todo lo que nos rodea desde un punto de vista menos formal, menos técnico. Si fuesen avisos, quizás nuestra mente no los está entendiendo en su magnitud, y este es un problema de raíz en la ambigüedad de los mensajes. Si estas avisando de que te estás quemando, gritas fuego, y las personas a tu alrededor correrán en tu ayuda, se enteraran de lo que les estás diciendo. Pero si gritas fuego en alemán, o dibujas una llama en un papel y lo tiras por la ventana, quizá nunca haya nadie que pueda saber qué estás diciendo.

Energía libre

También se han apreciado diseños que evocan representaciones de sistemas energéticos, como la energía nuclear. Si tanto es el peligro, ¿por qué no realizan un *crop circle* indicando claramente el tema? No, ellos se limitan a encerrar el símbolo nuclear en círculos concéntricos mezclados con hipérbolas simétricas cuadriculadas. Esa ambigüedad es una gran piedra en el camino de los primeros investigadores que se pierden en un mar de interpretaciones y preguntas. Es necesario aunar esfuerzos en este punto del proceso para intentar averiguar qué significan todos estos datos. Datos, como los diagramas energéticos de energía libre diseñados por Alessandro Volta, genio de la física de principios de siglo XX, que diseño un dispositivo para canalizar la energía magnética y eléctrica de la superficie de la Tierra para generar electricidad gratis. En 2004 y 2008 sendos diagramas conceptuales mostraban a las claras el mismo diseño de Volta, que por cierto, duerme en el más profundo de los baúles de alguna oficina de patentes a la espera de que la vorágine energética basada en el petróleo que está sufriendo el hombre pueda acabar algún día. Llegará algún día en el que nuestro mundo no tenga un precio establecido por el consumo de carburantes en un mundo más justo e idealista.

Posiblemente ese *crop circle* es una autentica demostración de conocimiento de nuestra economía, y la solución más práctica para la misma, pero una vez más con una puesta en escena que ha sido totalmente ignorada por los gobiernos y la sociedad civil.

Además de la energía libre y la nuclear, el fenómeno de los círculos del maíz nos ha regalado alusiones acerca de la energía eólica y sobre la generación de la electricidad, proporcionando un marco en el que se menciona esas energías y no las demás. Una apuesta firme por cambiar nuestro modelo energético con el uso de fuerzas de la propia Tierra.

Química y enfermedades

Es de destacar la aparición de mensajes identificados con componentes químicos determinados como una muestra más de la ambigüedad y el dilema moral que planea este conflictivo fenómeno a los científicos. ¿Son acaso sustancias vitales para el desarrollo del hombre? ¿O una advertencia del uso de las mismas? Podría pensarse que ya que poseen un conocimiento extremo de lo que somos como planeta, seguramente estarán al corriente de las terribles enfermedades que afectan a los hombres, en especial a los de los países del tercer mundo.

Si «ellos» mismos fuesen conocedores de esta tremenda situación, y tuviesen la cura a la mayoría de ellas, ¿no sería más provechoso para el orden de nuestro planeta, y más digno para la vida de todas las víctimas, el proveer de esas medicinas a los más necesitados, ya que nosotros no las hemos podido descubrir, o no se ha puesto suficiente empeño por motivos económicos para conseguirlo? Posiblemente exista algún tipo de pacto regulador de «no intervención» en un planeta con un nivel de evolución como es el nuestro. Esta situación no es todo lo justa que debiera ser, sin duda, porque muchos pensaran que si esa civilización es tan inteligente, bien que nos podrían ayudar a combatir agentes patógenos que no son responsabilidad nuestra. Pero eligen un *crop circle* con una evocadora fórmula matemática que se pierde en el confín de los tiempos. Algo inútil, de momento.

La visión sobre Dios

También hay alusiones a religiones antiguas. Durante los últimos años han aparecido progresivamente alusiones a la manera que tienen los hombres de nombrar y honrar a Dios. Símbolos católicos, hebreos, hinduistas, egipcios, taoístas, y musulmanes han aparecido para conformar una visión amplia de nuestra trascendentalidad. A modo de enciclopedia de conocimientos sobre nuestro pueblo, no cabe duda de que los símbolos que aparecen son nuestros símbolos religiosos. Conocen nuestra simbología. El cómo somos, cómo pensamos sobre el origen de la creación, sobre una entidad anterior al Big Bang, que es hasta donde llega nuestra ciencia.

Sería maravilloso poder enterarnos de lo que esta civilización ha estado estudiando sobre Dios, y hasta donde ha llegado. Quizá no quisieran compartirlo con nadie, pero no deja de ser un dilema moral, dejar de hacerlo ya que si algo se ha demostrado durante la historia del hombre es que existen conflictos muy serios con la religión como principal asunto en el que los pueblos chocan y luchan. Quizá si nos contaran lo que saben podría ayudarnos a nosotros a unificar conceptos y evitar fanatismos de cualquier tipo, algo que daña a la mera concepción de lo que es una religión. No estaría de más el hecho de exponer que durante el transcurso de los años también han aparecido algunos símbolos masónicos como el búho, el pentagrama, o la pirámide con el ojo en su punta —en dos ocasiones—, intentando expresar algún tipo de simbología importante en estos momentos para la humanidad.

Si esa simbología representa a la masonería, significa que esta inteligencia sabría qué hilos se manejan en la sombra de las grandes decisiones que afectan al mundo, y que según algunos investigadores, serían controlados por ciertos grupos de poder. Si esto es así, habría que preguntar por qué si el sistema es a todas luces injusto, y en parte estuviese controlado por una elite económica invisible, ¿por qué no se avisa a la población de la acción directa y la influencia de estos grupos en nosotros? Si es tan trascendente como para ser representado con un *crop circle* en exclusiva, entonces ¿Por qué no ponen un mensaje diciendo el mal de la Tierra es X, y vamos a impedirlo?

Células en el maíz

Por otra parte han aparecido diseños que muestran células y referencias a cadenas de ADN humano, menos ambiguas que la aparecida en 1991, que estudiábamos al principio del libro. ¿Qué significan esos diseños? Sería bastante plausible el hecho de comprobar que conocen perfectamente la composición de la célula, y la genética en general. Pero al ser así, el fenómeno obvia el más importante enigma que se plantea en nuestra ciencia: la creación de la vida misma.

¿Cuáles son los topes de la biología y dónde están los riesgos de manipularla? La aparición de estos diseños sería completa si se especificase cual es la clave que necesitamos para avanzar en el estudio de la genética humana. Pero quizá ese sea es un paso que debemos dar nosotros mismos, y quizá no nos lo tenga que enseñar nadie. Ambigüedad enseñando que lo saben todo, sin decirnos realmente nada.

El retorno del Dios Maya

También se habla de la leyenda del regreso de Quetzalcóatl, el dios maya que según los escritos bajó desde el cielo y regresará según las profecías de esa civilización.

Quetzalcóatl o la serpiente emplumada, así lo nombraban. Han sido numerosos los *crop circles* que han sido identificados como referencias a Quetzalcóatl, como el diseño maya de la 2009 con plumas (símbolo de poder), números en idioma maya, y una forma serpenteante en su parte superior, así como *crop circles* con otras serpientes, o formas serpenteantes sin mayor complejidad. Si la referencia es cierta, ¿estamos ante la afirmación del retorno de Quetzalcóatl a la Tierra?

Según algunos de los investigadores, el nombre «serpiente emplumada» se debe a que describían y representaban algo que podía estar en el suelo, y a la vez volar por los cielos ¿Qué relación tienen estas afirmaciones en relación a los avistamientos de ciudad de México en el que pueden apreciarse cientos y cientos de ovnis agrupados en una estructura alargada, como de gusano, como de serpiente? ¿Es acaso lo mismo que se vio en Núremberg en el siglo XV? Si los avistamientos de estos ovnis masivos (que algunos investigadores han decidido llamarlos EBANIS —entidades biológicas no identificadas—), son exactamente lo mismo que se explica en las profecías sobre el retorno de la serpiente emplumada, entonces, ¿qué puede depararnos el futuro el día en el que esas estructuras dejen de estar a unos pocos cientos de metros del suelo y se decidan a bajar a la superficie?

Es posible que estas interpretaciones sean difíciles de asimilar pero es preferible exponer toda la información aunque no se esté de acuerdo con serpientes emplumadas, dioses mayas, o retornos divinos que haya. El fenómeno de los *crop circles* es tan ambiguo que muchos de los investigadores intentan atar cabos sueltos con hipótesis extrañas sobre determinados círculos.

Imposibles de describir

También sería necesario hacer referencia a aquellos círculos cuya forma o significado ha sido imposible de describir. Autenticas rarezas en el maíz, que no han podido ser decodificadas, que no han podido ser resueltas. Así se quedarán hasta que algún héroe, como puede ser usted, publique su opinión al respecto. Y es que es importante que aunque la información sobre este enigma sea tan inmensa y extensa, usted se mantenga con la capacidad necesaria para decidir qué es lo que le expresa a nivel personal esas rarezas. Galimatías extraños, circunferencias cortadas de mil formas, uniones intencionadas que no son entendibles por nuestro sistema de comprensión. Un mundo virgen que le espera en el momento en el que empiece a recopilar más información, y más fotos de las que le proporciono a usted en esta obra.

Fusión de cuerpo y mente

Por otra parte, han aparecido también numerosos símbolos especiales evocando conceptos históricos como la fusión del cuerpo, la mente y el espíritu (Barbury Castle 1999) o incluso la representación de los chacras, auténticos canalizadores de energía localizados en nuestro cuerpo.

Sería interesante conocer la opinión de esta inteligencia sobre la canalización de energía y el poder de la mente. ¿Realmente qué capacidad tenemos los seres humanos de curar o de transmitir energía mediante la acción dirigida y entrenada de nuestro cerebro? ¿Acaso alguien podría decirnos cómo funciona realmente un cuerpo humano, qué podemos llegar a ser capaces de hacer o de ser? Si así fuese, la ambigüedad sería una vez más la piedra de toque de este fenómeno. Si nos enseñasen ellos no lo descubriríamos nosotros, no sería nuestro logro, no sería puro. Pero por otro lado, si nos lo enseñasen a lo mejor se podrían calmar un poco los ánimos belicistas en el planeta, hundiendo las actuales situaciones bélicas y los planes de invasión de países ya decididos a largo plazo.

El acelerador de partículas en el maíz

A nivel científico, también ocurrió que en 2008, cuando el acelerador de partículas CERN comenzaba sus primeras fases de experimentación, apareció un *crop circle* de ocho brazos representando el interior del mismo. Un gesto que de alguna manera honraba la construcción de esta instalación en la búsqueda de diferentes tipos de materia, en la búsqueda de la formación del sistema solar. Por otra parte si el CERN fuese un peligro, ¿no sería un deber moral avisarnos de que no estamos preparados para controlar lo que se genere en dicha instalación? Tampoco sería un error absoluto, ni una abominación, sino más como un toque de atención, o un «no hagas esto». Como un padre diciendo a su hijo, pupa, cuando toca un cristal del suelo, salvando las distancias.

Ojos que ven, corazón que siente

Por otro lado, tenemos la serie de círculos del maíz en el que se exponen diferentes figuras con formas de ojos. Dibujos de ojos que miran al cielo infinito. Y claro, se preguntará: ¿qué pinta un ojo dibujado en medio del campo? Y es que esta maravilla nos ha ido mostrando muchos aspectos de nosotros mismos y posiblemente también de nuestra relación con ellos. ¿Qué era aquel rostro de 2001? También miraba al cielo.

Un ojo es la representación de un órgano que está vivo, que mira, que observa, que estudia, y que nutre a un cuerpo de sensaciones visuales. La alegoría de que nos observan es clara desde algunos sectores de la investigación del fenómeno, pero la dicotomía de actuación vuelve a hacer acto de presencia. ¿Y si nosotros no queremos ser vistos de una manera tan radical? ¿Y si los que quisiéramos verlos fuésemos nosotros? Se daría una situación injusta bajo ese razonamiento ya que nosotros no vemos directamente a los causantes de los *crop circles*, pero por lo que parece ellos si nos tienen muy vistos a nosotros.

Música del espacio

¿Y qué me dicen de las representaciones de las ondas de sonido, serie de los *crop circles* con un acabado de cuadrícula extraordinario? Si conociesen las escalas musicales, cosa completamente probable ya que la música es inherente a cualquier tipo de civilización, también conocerían nuestra música, nuestra manera de transmitir sonidos, e igualmente datos, datos encriptados y datos militares. Sin duda este es un punto fuerte a analizar, ya que si estamos hablando de una civilización que controla cada palmo del planeta y lo observa como si tuviera un microscopio, todas las comunicaciones militares ultra secretas serían conocidas por esta inteligencia. Y ahí hay otra diatriba moral en el que el fenómeno, una vez más no se moja. Si un país determinado decidiese atacar injustamente a otro país, ¿no sería de recibo antecederse a los acontecimientos, y ayudar a la población civil que pueda ser víctima de bombardeos? Si se usase con fines beneficiosos esa clase de información, quizá no ocurriría alguna de las desgracias que día a día asolan el mundo y se podrían salvar vidas de inocentes. Con esto no quiero decir que esta inteligencia sea la responsable por omisión, ni mucho menos, ya que parecen meros observadores en la mayoría de los casos, nada más, y ellos no aprietan el botón de «lanzar misil»; eso está claro. Podrá usted sacar su conclusión al respecto pero sin duda un gran conocimiento también conlleva una responsabilidad, sea cual sea el origen del receptor. Por otra parte, si conocen, como decíamos, la música, posiblemente ellos también tengan sus propias composiciones. Imagínense, millones y millones de años de evolución en el que han podido investigar el mundo de la música desde un punto de vista perfecto, matemático, armónico. ¿Qué habrán podido hacer ellos al hacer lo que nosotros llamamos ópera? ¿No sería de recibo compartir sus maravillas con todos los seres que pudiéramos apreciarlas y escucharlas? Anhelos de Conocimiento, amigo lector, básicamente porque cuesta imaginarse hasta donde habrán podido llegar estos seres en relación a multitud de temas.

Paradas de autobús

Temas, como decíamos, como la posibilidad de que hayan llegado hasta aquí sin disolverse por el camino. Y es que la pérdida de masa es inherente a los viajes a la velocidad de la luz según nuestra primigenia ciencia. Pero visto lo visto en los videos de los avistamientos ovnis de todo el planeta, no parece que las aceleraciones extremas de la gravedad en giros de 90º a velocidades supersónicas les afecten para nada. En uno de los *crop circles* de 2006 se puede ver una figura tridimensional compuesta por dos circunferencias externas con círculos en su interior asemejando lo que parecería ser un «agujero de gusano».

Este término implica una especie de túnel que doblaría el espacio y el tiempo del universo para poder viajar distancias gigantescas en periodos de tiempo ínfimos. Y si ese el mensaje, la verdad es que es una maravilla. No solo nos habrían dicho como son, y cuál es su aspecto, sino que además habrían explicado con un sencillo diagrama su modo de transportarse hasta aquí. Dominando la ciencia de los agujeros de gusano, ese argumento de la ciencia ficción que muchos daban solo por ficción al no poder nunca ser controlado por el viajante. Ese círculo claro como el agua cristalina es una demostración primero de que no es un fraude al demostrar una sensación de tridimensionalidad que ningún fraude quedaría ni siquiera cerca de llegar a imitar de mala manera, y segunda por ser un fundamento científico vital para expresarnos como es que han llegado hasta aquí.

Matemáticas básicas

De manera utilitarista y lógica, muchos de ustedes, posiblemente con una opinión ya formada sobre lo que significa este gran fenómeno, se preguntarán qué diantres estarán haciendo estos seres con tanto dibujo y tanta información enciclopédica y por qué no se dedican más a ayudar a la comunidad con la que intentan comunicar. Yo mismo me hago la pregunta alguna vez que contemplo alguna imagen. Cuanto talento desperdiciado con tanta necesidad en nuestro mundo. Pero a lo mejor lo que nadie se ha parado a pensar es que no están aquí para ayudarnos exactamente. O no pueden o quieren, pero el hecho es que no lo hacen, al menos de manera directa. Y sin duda es increíble que el propio fenómeno esté variando su estrategia en pos de, al menos comunicarse de manera un poco más eficiente con más simbología y menos matemática extraña para los más, y difícil para los menos.

Destacaría también la aparición del número PI, representado de una manera genial a través de secciones de una circunferencia que se va ampliando en diámetro, como puede apreciar en uno de los diagramas de este libro. En una secuencia que se asemeja más a una corrección de estilo (tras comprobar que no entendíamos matemáticas tan complejas —aunque fáciles y evidentes para ellos—), era el momento de exponer quizás el origen de las matemáticas, la forma primigenia de construcción del propio círculo. Debieron haber empezado por ahí, pero sea como fuere, el mensaje es claro. Matemáticas. La importancia de los números como acto de expresión. Ya lo decía Carl Sagan: «Lo más posible es que si una civilización externa a la Tierra intentara comunicarse con nosotros, lo haría a través de las matemáticas». El lenguaje del cosmos, el componente de todo.

Posiblemente las generaciones futuras vean matices imposibles de ver por nosotros ante la contemplación de las figuras, pero la sensación que crea esa imagen de PI, expone cierta sensación de esperanza. Sin duda por fin entendíamos algo realmente simple. Es la vía a seguir.

La maravilla de las galaxias

¿Y los dibujos de galaxias? ¿Qué habrán visto esta civilización por el cosmos? ¿Qué maravillas habrán estudiado, que planetas habrán descubierto?, ¿Cuánto sabrán de especies como la nuestra en otros puntos de ese océano negro pero posiblemente lleno de vida que es el espacio? La representación de galaxias y estrellas evoca también un espíritu aventurero y romántico por su parte ya que eso implicaría que algún día hace cientos de miles de años, ellos fueron como nosotros. Quizá tiraron hacia una evolución más práctica a nivel de civilización, o quizá les pasó lo mismo que nos está pasando a nosotros con ellos, siendo un ciclo de la vida que nunca termina, ya que la vida se abre camino.

La ambigüedad del agua

Ciertamente espectaculares por otra parte son los diseños de los copos de nieve. Además de ese, hubo otros, más complejos, más imposibles, más salvajes en su concepción. Y lo que expresa no es más que la molécula de agua en estado sólido. Y de nuevo la ambigüedad, la dicotomía, el ying y el yang aplicado al fenómeno. Si se muestran representaciones del agua en estado sólido, se mostraría al estar a una temperatura muy baja. ¿Es una advertencia de un cambio en la temperatura de la Tierra hacia una glaciación?, o en cambio, siendo como es el agua, fuente y soporte vital para que surja la evolución de las especies, ¿no sería posible que el dibujo representara la manera más preciosa de ilustrar el agua? Como exaltación de la misma, como conocimiento de su química y su virtud. Como aviso ante el deterioro de las fuentes de agua potable de la Tierra ante nuestro descontrol en el consumo de productos industriales.

Los bellos pentágonos

También me gustaría hace mención a las figuras pentagonales, últimamente explicadas como representaciones de ciclos del planeta Venus. La sensación que se percibe al ver cualquier figura pentagonal siempre se ha caracterizado como perfecta dentro de sus proporciones y sus características. Que se asocie Venus con un pentágono, y este con la figura más bella de la geometría —hecho aceptado por los primeros matemáticos griegos, e incluso anteriores—, no es casualidad. Tal es el conocimiento de la inteligencia sobre nuestra cultura, que no pasaron por alto que Venus siempre se ha equiparado con el sueño de la perfección para el ser humano. Un punto destacable dentro de la historia de este fenómeno, ya que todos los años aparece alguna figura pentagonal. Siempre hay alusiones a los ciclos de Venus. Siempre se proporciona esa información. ¿Pero por qué? ¿Acaso tiene relación con el *crop circle* de 2008 en el que Venus está dentro de la superficie del Sol? Bien podría ser una excelente manera de contar el tiempo, y a la vez de intentar demostrar una vez más a los más incrédulos de la veracidad del fenómeno. No debe haber muchas personas que sean capaces de calcular con exactitud los ciclos de Venus para plasmarlos sin error en un campo con las proporciones, ángulos y arcos exactos de un pentágono de 120 metros.

Encerrados en un cubo

Y de los pentágonos pasamos a comentar los *crop circles* con forma de cubo. Cada cierto tiempo aparecen mostrando siempre una perspectiva isométrica, con ángulos de 120º. Con una apariencia sobria, estos cubos han dado pie a numerosas especulaciones. Una de ellas es su papel metafórico a la hora de explicar nuestra relación con el universo, y con el enigma ovni. Cerrados, encerrados en una habitación sin querer vivir y experimentar lo que nos rodea. Por otro lado también ha sido interpretado como una caja para ellos. Una caja en la que se sienten aislados, o una caja en la que nos tienen aislados por nuestra propia seguridad. Muchas teorías y solo una verdad, la suya.

Como verá es muy amplia la variedad de interpretaciones de lo que está pasando con este tema, y su dicotomía filosófica es patente en cada diseño. Podemos sacar más o menos, pero siempre habrá puntos de vista, habrá más significados dentro de otros significados, y se descubrirán nuevas maneras de representarse y de idealizarse para ser estudiados.

6.2. Final abierto

Llegamos al final de este libro con muchas preguntas y algunas respuestas, pocas pero firmes. A modo de conclusión diríamos que este fenómeno es real y siempre lo será, por mucha agua de lluvia contaminada de ideas falsas le caiga.

Multitud de temáticas, avisos, esperanzas, miedos, formas, dibujos, intenciones, complejidades, ciencias, y conocimientos se dan dentro de este impresionante delirio verdadero. He intentado mostrarle lo más básico de los hechos que están ocurriendo, pero hay mucho, mucho más. Si usted puede, viaje hasta alguna región en la que aparezcan estos jeroglíficos, lea más libros sobre el tema, vea videos, y sobre todo contemple una y otra vez las fotos. Siempre faltará algo por ver, nunca dominaremos exactamente todo este arte, pero eso no importa mucho. Con poco que vea será suficiente para darse cuenta de toda esta maravilla.

Por mi parte he intentado exponer y también comentar todos los temas posibles para acabar abarcando un punto de vista más amplio de lo que me pensaba. Y es que los *crop circles* son un entendimiento continuo. Yo mismo he descubierto aspectos de los círculos que no conocía viendo una y otra vez las fotos, leyendo una y otra vez mis líneas. Es la magia que tienen las cosas que no se pueden ocultar. La magia que envuelve cada uno de los corazones que entran en verdadero contacto con este universo en sí mismo.

Mañana vendrá alguien a preguntarle, y usted le podrá comentar con bastante más información sobre este tema, pero si se da cuenta siempre estará presente la posibilidad de enseñarle una primera foto, como he hecho yo con usted, para que la estudie detenidamente, para que la aprecie, para que no dude.

Siempre he repetido que el valor de las cosas depende del punto de vista. Puede que para usted sea un libro más, pero si le ha hecho dudar por un segundo, si le ha hecho soñar, si le ha levantado de su sillón favorito, o de su asiento del metro, o del autobús, para poder imaginar situaciones increíbles, me daré por satisfecho. Ha sido un orgullo para mí el preparar este trabajo, y le espero en el próximo. Un placer conocerle a través de mis letras, y un privilegio llegar hasta su corazón si así ha sido el caso.

Termino con un extraño *crop circle* que para mí resume la locura en la que nos hemos sumido, y de la que salimos indemnes porque el fenómeno es conocimiento, y con él seguiremos enriqueciéndonos año a año con saberes nuevos por parte de esta maravilla olvidada.

14.07.2000, Golden ball Hill, Wiltshire, Inglaterra.
Fotografía de Frank Laumen.

Este *crop circle* apareció en Wiltshire, Inglaterra, mostrando seis pétalos ondulados con una armonía perfecta. ¿Todos? No. Hay uno que se mete elegantemente hacia dentro de la flor. ¿Por qué? ¿Quién lo puede saber?

Sencillamente es maravilloso y genial al mismo tiempo. Y eso al final es lo que nos levanta de las sillas para poder volar.

Vicente Fuentes Rodríguez
A día 8 de octubre de 2010

Agradecimientos

Quisiera agradecer a las siguientes personas el apoyo recibido para la confección de este libro:

A Luisa Alba, por darme mi primera oportunidad para publicar un libro.
A Frank Laumen, sin sus fotos aéreas no sabríamos lo que es este espectacular fenómeno.
A Berthold Zugelder de cropcircle-archive.com por dejarme publicar sus diagramas. Sin ellos no habría podido hacer esta obra.
A Denny Clarke, por dejarme los derechos de su foto.
A Zef Damen, por dejarme publicar sus dos demostraciones matemáticas.
A Irene García, por confeccionarme los cajetines, en un difícil punto de la investigación.
A Rodrigo Yubero, por hacerme esos dibujos tan increíbles, y a Fan Yeh Pak, por ayudarme con los diagramas.
A Jaime Maussán, y su equipo, por ser pioneros en la investigación en español de este fenómeno, por su lucha, y por las capturas de video.
A mi familia, por su apoyo moral y económico.

Y para terminar, y no por ello menos importante, agradecerle a usted que haya emprendido este viaje conmigo, que haya comprado ésta, mi primera obra.

Páginas web

www.cropcircle-archive.com
www.ovnis.tv
www.ufopolis.net
www.visiblesigns.de
www.coronaborealis.com
www.zefdamen.nl

Vicente Fuentes Rodríguez, nacido en Madrid, es uno de los grandes expertos en la temática de círculos de las cosechas. Es ingeniero industrial, especializado en Química Industrial por la Universidad Autónoma de Madrid, redactor de ufología de las revistas *Más Allá de la Ciencia* y *Año/Cero* y colaborador habitual del programa Luces en la Oscuridad, de Pedro Riva y de las tertulias de Ferran Prat en Cadena Pirenaica, además de webmaster de la página Ufopolis.net, periódico global de noticias ufológicas.

RECOMENDAMOS

Ediciones Corona Borealis

AVATARES
EN EL PRINCIPIO DE LOS TIEMPOS
Matt. D. Ivansky

CRÍMENES SIN CASTIGO
Fernando Martínez Laínez

EL DESPERTAR DEL HOMBRE
Xavier Musquera

EL SÍMBOLO
Adolfo Losada García

CAMBIA TU VIDA EN 30 DÍAS
CON LA LEY DE LA ATRACCIÓN
Olivia Reyes Mendoza

LA LEY DE LA AUTOCREACIÓN
Dr. Félix Torán

LA INTELIGENCIA DEL AMOR
Jorge Lomar

ECOLOGÍA MENTAL
Jorge Lomar

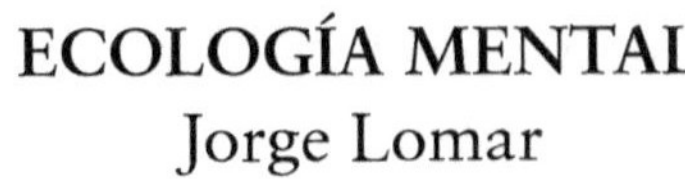

Ediciones Corona Borealis

Vicente Fuentes Rodríguez, nacido en Madrid, es uno de los grandes expertos en la temática de círculos de las cosechas. Es ingeniero industrial, especializado en Química Industrial por la Universidad Autónoma de Madrid, redactor de ufología de las revistas Más Allá de la Ciencia y Año/Cero y colaborador habitual del programa Luces en la Oscuridad, de Pedro Riva, y de las tertulias de Ferran Prat en Cadena Pirenaica, además de webmaster de la página Ufopolis.net, periódico global de noticias ufológicas.

www.ingramcontent.com/pod-product-compliance
Lightning Source LLC
Chambersburg PA
CBHW051443170526
45166CB00001B/89

* 9 7 8 1 4 8 4 9 5 9 9 0 9 *